Resource and Environment Value Assessment

Models and Cases

资源环境价值评估

模型与案例

刘耀彬　李汝资◎主　编

柏　玲　田　西◎副主编

U0392739

北京大学出版社

PEKING UNIVERSITY PRESS

图书在版编目(CIP)数据

资源环境价值评估：模型与案例/刘耀彬,李汝资主编. —北京：北京大学出版社,
2024.3

ISBN 978-7-301-33689-2

Ⅰ.①资…　Ⅱ.①刘…②李…　Ⅲ.①资源经济学—环境经济学—研究
Ⅳ.①X196

中国国家版本馆 CIP 数据核字(2023)第 018847 号

书　　　名	资源环境价值评估：模型与案例
	ZIYUAN HUANJING JIAZHI PINGGU：MOXING YU ANLI
著作责任者	刘耀彬　李汝资　主编
责 任 编 辑	闫静雅
标 准 书 号	ISBN 978-7-301-33689-2
出 版 发 行	北京大学出版社
地　　　址	北京市海淀区成府路 205 号　100871
网　　　址	http://www.pup.cn
微信公众号	北京大学经管书苑（pupembook）
电 子 邮 箱	编辑部 em@pup.cn　总编室 zpup@pup.cn
电　　　话	邮购部 010-62752015　发行部 010-62750672　编辑部 010-62752926
印 刷 者	河北涿县鑫华书刊印刷厂
经 销 者	新华书店
	720 毫米×1020 毫米　16 开本　14.5 印张　233 千字
	2024 年 3 月第 1 版　2024 年 3 月第 1 次印刷
定　　　价	54.00 元

目录

第一章
绪论

第一节　研究目的与意义

一、适应全球资源环境变化的保障需要

党的二十大报告指出,尊重自然、顺应自然、保护自然,是全面建设社会主义现代化国家的内在要求。因而,正确认识人与自然的关系,推进人与自然和谐共生的现代化,不仅是适应全球资源环境变化的需要,也是中国积极参与应对全球气候变化治理,构建人类命运共同体的生动实践。随着世界经济对资源的大量消耗,当前部分资源已从相对充裕变为相对稀缺,甚至面临枯竭的风险。许多自然环境遭到前所未有的破坏,工业化以来,环境公害不断发生,因此对资源环境的保障迫在眉睫。在这一大背景下,世界各国普遍面临着更加合理地开采、利用资源与有效保护环境相结合的时代新要求。面对经济增长与资源环境的尖锐矛盾,各国政府开始意识到经济增长对资源环境所造成的负面影响,并寻找有效方法对资源耗减和环境损失进行评估及补偿。对资源环境的现状分析、价值评估和政策研究等议题也就逐步走进了政府和学者们的研究视野,相关研究对全球资源环境的保障具有重大的现实指导意义。

二、促进中国全面绿色转型的理论需要

中国式现代化的一个重要特征就是人与自然和谐共生的现代化，而促进人与自然和谐共生的现代化的关键在于加快发展方式的绿色转型，真正实现"绿水青山"转化为"金山银山"。"绿水青山就是金山银山"既突出了人与自然关系和谐发展的重要性，又强调了经济发展与生态建设的辩证统一性。该理念的提出是在总结传统生态价值基础上提出的一种超越传统价值理念的科学论断，不仅以美丽中国作为目标指向，还对蕴含和谐共生传统的生态价值理念进行了超越和提升，要求发展方式绿色变革，充分契合了促进中国全面绿色转型的理论需要。

中国仍有不少正处于"资源诅咒"之中且出现环境恶化的区域，针对这些具有不同发展现状、空间特征和战略地位的区域，想做到全面绿色转型，必须辩证地结合其资源环境特性与经济发展境况，对具体问题展开具体分析。本书在介绍资源环境价值评估与溢出机理的基础上，引出相关的空间统计、计量与格局测度模型理论，最后进行政策分析。本书涵盖了对资源环境主要矛盾领域的分析与探讨，对现实问题作出了归纳性总结，给出了针对性评价。这是本书的一大亮点，对促进中国全面绿色转型具有重大的理论指导意义。

三、提高各地资源环境利用效率的方法需要

高质量发展是全面建设社会主义现代化国家的首要任务。党的二十大报告明确提出，站在人与自然和谐共生的高度谋划发展。这是高质量发展的内在要求。而高质量发展旨在推动经济实现质的有效提升和量的合理增长，这就必然要求不仅是经济发展方式的绿色转型，还要加快建设现代化经济体系，着力提高全要素生产率。当前中国正处于经济转型的重要节点，经济增长方式正在由原来的粗放型增长方式向集约型增长方式转变，如何更好地推行绿色发展已成为中国急需解决的主要难题之一。环境保护相关的技术性分析也逐步成为当前中国经济研究领域中的重点方向之一。本书从资源环境的"价值评估—溢出现状—格局测度—政策模拟"分析路径着手，对有效解决资源环

境的可持续发展问题具有方法论层面的探索意义,对从经济学和国民核算两个视角及时了解中国环境资源的现状进而推进绿色发展政策和提高资源利用效率具有重大的路径指导意义。

第二节　资源环境核算的研究进展

资源环境的相对稀缺性是经济学的一个基本议题,随着当前的技术变革与环境变化,进一步厘清资源环境的价值具有新的时代内涵和特征。但由于人们对社会资源环境的利用具有多样性,单一的方法模型无法适应现今对资源环境的管理,必须要有交叉的、多样的方法模型才能提供更为精准的资源环境价值核算。由于不同区域的资源环境价值核算处于不同的体系,应有针对性地选择方法模型对不同地方的资源环境进行价值核算,为资源环境的市场化提供依据。

一、现有研究的主要内容

自 19 世纪 40 年代马克思在《资本论》中对资源"有价与否"提出探讨并创立了地租理论后,对资源环境价值进行核算这一话题就进入了人们视野当中。从 20 世纪 90 年代开始,发达国家开始建立各自的综合环境与经济核算账户,运用环境经济学、统计学的新方法,进一步对资源环境进行核算。在 1993 年,联合国统计司和世界银行合作制定了系统的综合环境与经济核算体系(System of Environmental-Economic Accounting,简称 SEEA),主要在产品生产和最终需求在自然资源的使用、污染等因素上对环境质量的影响这两个方面扩展并完善了国民经济核算体系(System of National Accounts,简称 SNA)。SEEA 一般用于实物量形式的自然资源核算、货币量形式的自然资源核算和居民福利的核算。这不仅为资源环境实物核算与经济货币核算提供了连接的桥梁,力图将它们统一成一种全面的方法,而且还增加了对外部环境成本和收益的核算。

但 SEEA 仍然不够完善,尤其是对自然资源的价值核算难度太大。随后,世界银行在 1995 年组织出版的《监测环境进展》(*Monitoring Environmental Progress*)就正式提出了绿色国民经济核算体系的概念,并于 1997 年首次提出了真实国内储蓄的概念与计算方法,覆盖了更大范围的自然资源核算,改善了数据和计算方法。随着理论的发展和技术水平的进步,资源环境价值核算这一领域成果频现。

由于对该领域研究较早,国外针对资源环境核算领域的方法经历了由静态到动态的演变过程。美国的 Gafdon 在 1941 年首次以费用支出法核算森林和野生生物的经济价值(裴辉儒,2007)。到 20 世纪 90 年代初,资源环境价值估价统计分析方法取得了长足进步。美国经济学家 Grossman 等(1995)在库兹涅茨倒 U 形曲线的基础上,通过研究污染程度与人均收入增长的关系,解释了环境损失与经济增长的关系。惕腾伯格(2003)从资产角度出发,界定了资源环境的估价概念,介绍了资源环境估价的方法,并分析了影响资源环境价值耗减和退化的外部性问题,还就各类资源的价值评估做了具体的设计。Costanza 等(1997)对全球生态系统服务与自然资本的价值进行了尝试性估算,并首次系统设计了全球自然环境为人类服务的环境可持续指数(Environmental Sustainability Index,简称 ESI)。

从国内来看,王立彦等(1992)提出了"环境-经济"相关联核算模式的附属账户设计方案,以便通过"环境-经济"相关的分析指标和资料对环境与社会经济活动的相关关系进行分析。钱伯海等(1993)的大核算理论将经济、社会、自然有机地结合起来,为国内关于资源环境价值评估的核算问题指明了方向。雷明(2000)提出了环境核算投入产出表和账户体系。高敏雪也有多部著作提出了资源环境核算和统计的分析框架。2006 年 9 月 7 日,国家环境保护总局和国家统计局联合发布《中国绿色国民经济核算研究报告 2004》。这是中国第一份经环境污染调整的核算研究报告,标志着中国绿色国民经济核算研究取得阶段性成果。截至 2020 年,世界上尚没有哪一个发展中国家开展全面的环境经济核算工作,因此,中国资源环境经济核算工作的开展为发展中国家提供了有益借鉴。

二、资源环境核算的主要方法

(一) 生态足迹理论

生态足迹的应用绝大多数集中在对各种地域尺度、机构和个人所消耗的自然资源的核算方面。Wackernagel 等(1998)在前人研究的基础上,从生态的角度出发,充分考虑人类社会与生物圈之间的相互作用关系,将土地作为自然资源的母体,突出土地的生态底色,提出生态足迹概念。他认为生态足迹是支撑一个区域内一定数量人口的自然资源消费和同化其所产生的废物所需要的生态生产性土地的面积,由此构建了自然资源核算的生物物理工具。由其定义来看,生态足迹仅是一个数量概念,没有考虑到空间因素。因此,该生态足迹模型仅是一个一维模型,可以应用到全球、地区、国家、省、城市和个人等各种尺度的测算。不同尺度下,数据的获取方式不同,测算需要采取的计算方法不同,见表 1.1。

表 1.1 研究尺度及计算方法

研究尺度	计算方法
全球、地区	综合法
国家	综合法、投入产出法
省	综合法、投入产出法、能值法
市、县	综合法、投入产出法、能值法、成分法
机构、群体活动和个人	成分法

资料来源:靳相木,柳乾坤.自然资源核算的生态足迹模型演进及其评论[J].自然资源学报,2017,32(01):163－176.

一维模型仅核算了资源环境的消费,并没有对区域资源环境的供给能力进行定义和核算。Wackernagel 等(1998)对此进行了改进,通过构建区域生态承载力指标,来表征区域资源环境的供给能力,形成了二维生态足迹模型。二维模型对生态承载力的核算实质上是对自然资源流量的核算。其中自然资源流量表示区域内一定面积的土地一年所能生产的资源数量。二维模型以区域所能提供的生态生产性土地面积来表征该区域的生态承载能力,这事实上是

5

赋予生态足迹模型以空间尺度的概念。在一维模型中,可以计算各个尺度上的生态足迹。在二维模型中,由于增加了生态承载力指标,并不是在所有的尺度上都适合对其生态承载力进行统计。因此,二维模型的应用受到研究尺度的限制。

尽管一维模型、二维模型均承认自然资源在可持续发展中的重要性,但其关注的重点均为自然资源消费量和自然资源流量,而非自然资源存量。从自然资源存量和自然资源流量两个方面研究自然资源的属性非常必要。因此,如何将模型的关注点由自然资源流量转向自然资源存量,突出自然资源存量恒定对维持区域生态系统平衡以及可持续发展的关键性作用,成为生态足迹模型进一步改进的重点。Niccolucci 等(2009)在二维模型的基础上,引入了足迹深度和足迹广度两个新的指标,以圆柱体体积表征生态足迹,以此来解释人类对自然资源流量和自然资源存量的占用情况。足迹深度是一个在时间尺度上反映区域生态压力的指标,将二维模型的平面分析拓展至三维模型的立体分析,实现了生态足迹研究的纵向拓展。

梳理文献可知:① 生态足迹模型是资源环境核算的一个生物物理性工具,弥补了主流的国民经济核算体系下资源环境价值核算的不足。② 一维模型开创性地引入生态生产性土地概念,开展资源环境消费核算,以此来测算人类活动对生态的占用情况;二维模型在资源环境消费核算维度的基础上,引入资源环境生态承载能力维度,开拓了资源环境生态承载力评价的新视野;三维模型进一步从流量和存量两个维度理解资源环境生态承载能力,以圆柱体体积表征生态足迹,生动刻画人类活动对所处区域的生态压力。③ 一维模型是二维、三维模型的基础,但它们解决的科学问题各有不同,从而所适用的研究尺度、应用指向也有所差异。④ 生态足迹模型属于静态分析模型,无法解释生态经济社会系统的动态变化情况;二维和三维模型属于封闭模型,其计算结果不能准确反映区域生态的真实状况。⑤ 模型优点:紧扣可持续发展理论,是涉及系统性、公平性和发展的一个综合指标;将生态足迹的计算结果与自然资源提供生态服务的能力进行比较,能反映在一定的社会发展阶段和一定的技术条件下,人们的社会经济活动与当时生态承载能力之间的差距。测算指标采用生态生产性土地的面积,使人更容易理解,且易进行尝试性测算。⑥ 模型缺点:模型的计算结果只反映经济决策对环境的影响,而忽略了土地利用中其他的重要影响因素,如城市化的推进挤占耕地,污染、侵蚀等造成的土地退化情况。因此,该模型目前的计算结果有高估区域生态状况的可能。

(二) 能值理论

美国生态学家 Odum 等(1971)基于自然界的能量平衡且可以互相转化的思想提出了能值(energy)分析方法。其思路是把自然环境与社会经济的关系转化为能量分析,将能值分析与能量语言、系统分析方法相结合,并作为环境核算和生态经济系统分析的共同尺度。能值理论将系统中的经济、资源环境等要素均以太阳能值作为统一衡量标准,克服了传统方法的局限性,为资源合理利用以及资源环境价值评估提供了度量标准和科学依据,因而被广泛用于不同尺度的生态经济系统分析与模拟以及资源环境核算领域。如郭丽英等(2015)利用能值理论核算了 2003—2012 年商洛市的绿色 GDP(国内生产总值),发现研究期间商洛市 GDP 不断增长,但绿色 GDP 持续大幅度下降,说明经济的增长是以资源环境的牺牲为代价的。

相较于传统的资源环境生态承载力理论而言,能值理论为生态承载力评估确立了一个统一的衡量标准,具有划时代的意义。但是,相较于能值分析的理论而言,能值分析的方法论研究却处于一个较为滞后的状态,主要体现为能值转换率的计算繁杂、能值流程图尚未有一个较为科学而全面的绘制方法、能值计算过程中对研究对象的区域性和动态性考虑不周等。有鉴于此,未来能值分析需要在能值的量化、综合评价方法优化等多方面进行改进,以进一步完善能值理论。

(三) 生态服务功能

生态服务功能是指生态系统在能量流、物质流的生态过程中,对外部显示的重要作用,例如改善环境、提供产品等。生态系统不仅给人类提供生存必需的食物、医药及工农业生产的原料等产品,而且维持了人类赖以生存和发展的生命保障系统。与传统的服务不同,生态服务只有一小部分能够进入市场被买卖,大多数生态系统服务属于公共品或准公共品,无法进入市场。具体应用案例见表1.2。

表 1.2 生态服务功能及应用案例

序号	生态服务功能	应用案例
1	对气温和降水的调节以及对其他气候过程的生物调节作用	温室气体调节以及影响云形成的DMS(硫酸二甲酯)的生成
2	生态系统对环境波动的容纳延迟和整合的能力	防止风暴,控制洪水,干旱恢复及其他由植被结构控制的生态对环境变化的反应能力
3	调节水文循环过程	农业、工业或交通的水分供给
4	水分的保持与储存	集水区、水库和含水层的水分供给
5	生态系统内的土壤保持	风、径流和其他运移过程的土壤侵蚀和在湖泊湿地的累积
6	养分的获取形成内部循环和存储	固氮和氮、磷等元素的养分循环
7	流失养分的恢复和过剩养分、有毒物质的转移与分解	废弃物处理、污染控制和毒物降解
8	对种群的营养级动态调节	关键种捕食者对猎物种类的控制
9	为定居和临时种群提供栖息地	迁徙种的繁育和栖息地、本地种的区域栖息地或越冬场所
11	总初级生产力中可提取的食物	鱼、猎物、作物果实的捕获与采集给养的农业和渔业生产
12	总初级生产力中可提取的原材料	木材燃料和饲料的生产
13	特有的生物材料和产品的来源	药物抵抗植物病原和作物害虫的基因,装饰物种(宠物和园艺品种)
14	提供休闲娱乐	生态旅游体育和其他户外休闲娱乐活动
15	提供非商业用途	生态系统美学艺术教育的精神或科学价值

资料来源:徐晓勇. 开放经济条件下中国生态服务的空间流动及其影响研究[D].昆明:云南大学,2016.

生态服务功能的价值标准是劳动。章铮(1997)认为生态服务的价值就是物化在环境中的社会必要劳动,人们的社会必要劳动与环境系统相结合,生态服务就有了价值。这种观点的理论基础是马克思的劳动价值论。当资源环境作为商品与环境系统相结合时,就体现出了其生态价值。其中,生态服务的效益是有用效果的货币表现,它能满足人们的许多需要,是由使用价值构成的。用货币形式去比较分析资源环境效益,实质上是评价它们的使用价值而不是评价其价值。这种观点强调生态服务的使用价值,淡化其价值。赵景柱等(2000)就生态系统的服务功能从物质量和价值量两个方面进行了评价,并对两种评价方法进行了比较分析。结果表明,采用物质量和价值量两种不同的方法对同一生态系统进行服务评价,往往会得出不同甚至相反的结论。对于不同的评价目的和不同的评价空间尺度,这两种方法有较大的区别:物质量评价能够比较客观地反映生态系统的生态过程,进而反映生态系统服务的可持续性,而价值量评价更多地反映生态系统服务的总体稀缺性,但它们又是互相促进和补充的。还有学者认为,生态价值的构成不只是人的劳动的直接投入,还应包括生物有机体的所有权和使用权的价格,以及生态服务的级差地租。生态服务的级差地租是以自然生态服务的差别为基础的地租。

在从概念上肯定了生态服务的价值之后,使资源环境价值定量化,形成可与其他资源相比较的经济指标,就成了决定生态服务资源能否"上市"、进入生产者和消费者的预算函数的关键。例如,美国的 Costanza 等(1997)估算了全球 16 种主要生态系统的 17 种生态资源的总价值是当年全球国民生产总值的1.8 倍;陈仲新等(2000)完全沿用 Costanza 等(1997)的价值评价方法对中国生态系统效益的价值进行了估算,并与世界生态系统服务功能总价值进行了对比,同时对中国各省区生态系统价值进行了计算、排序和对比分析。与生态系统服务功能价值评估相关的详细内容将在本书的第二章第四节详细阐述。

(四) 自然价值核算法

自然价值核算法是指从资源环境的经济价值的角度,对一定时间和一定空间内的资源环境,在合理定价的基础上,从实物、价值量和质量等方面,统计、核实和测量其自然资源总量价值。其中,实物核算主要是对自然资源的流量、存量及其变化情况进行统计。价值核算则以实物核算为基础,将自然资源的实物量按照市场价格转化为价值量,再对其价值量以货币化的形式进行统计,其价格往往是采用影子价格法、贴现现金流法和净价法等方法确定。

自然资源价值或价格的核算主要方法有影子价格法和贴现现金流法。自20 世纪 90 年代以来,中国关于影子价格的研究异常活跃,无论在理论上还是在实践上都取得了长足的发展,国家发展和改革委员会和建设部(现住房和城乡建设部)2006 年出版的《建设项目经济评价方法与参数》中专门阐述了影子价格的计算和应用。有学者提出了资源价值计算的影子价格法,即通过资源给生产或劳务所带来的收益的边际贡献来确定其影子价格,然后参照影子价格或将其乘以某一价格系数来确定资源的实际价格。王广成(2001)提出贴现现金流法,这一方法是指通过预测资源项目寿命内各年的净现金流量,经贴现之后求得的现值之和,以此作为自然资源价值。该方法是世界各国在评价自然资源价值时应用最为广泛的方法,从原理上讲,它与一般工业项目财务评价中的净现值法基本一致,中国学者提出的评价模型大都基于这一方法。

每种方法各有侧重,因此,对于不同的区域和阶段,需要结合其具体特征进行有针对性的资源环境价值核算。

三、资源环境核算的关键对象

(一) 绿色 GDP

从 20 世纪 70 年代开始,围绕如何构建以绿色 GDP 为核心的国民经济核算体系,联合国、世界银行、欧盟以及世界各国政府、著名国际研究机构进行了大量的实践工作(见表 1.3)。相较而言,中国的绿色 GDP 实践较晚,大概开始于 20 世纪 90 年代。

表 1.3　国际组织和主要国家资源环境核算的实践活动

国家/地区	框架计划	产业规划
挪威	《自然资源核算》数据、报告和刊物(1981),《自然资源核算与分析》研究报告(1987)	最早开始进行环境资源核算
联合国	《综合环境与经济核算体系(SEEA)》(1993,1999)	为建立绿色 GDP 核算、环境资源账户和污染账户提供了一个共同的框架
联合国	《绿色核算体系框架》(2000),《绿色GDP 核算》(2003)	进一步规范各国绿色 GDP 核算体系
世界银行	《监测环境进展》(1995)	提出了真实储蓄概念,并以此作为衡量国民经济发展状况的新指标

（续表）

国家/地区	框架计划	产业规划
美国	《美国环境资源核算》(1991)	对美国的基本环境自然资源进行了核算
日本	《环境经济综合核算实际体系》(1993)	对日本的环境经济综合核算体系进行了系统的构造性研究,估计了1985—1990年日本的绿色GDP
中国	国务院发展研究中心"自然资源核算及其纳入国民经济核算体系"课题(1998),北京大学"可持续发展下的绿色核算"(1999),中国环境规划院"基于卫星账户的环境资源核算方案初步设计方案"(2000),三明市和烟台市进行环境资源核算试点(1990,1993,1996)	为中国绿色GDP核算体系的构建奠定了基础

资料来源:陈玥.自然资源核算进展及其对自然资源资产负债表编制的启示[J].资源科学,2015,37(09):1716-1724;王金南.中国绿色国民经济核算体系的构建研究[J].世界科技研究与发展,2005(02):83-88.

基于资源环境视角,中国学者也对绿色GDP核算体系进行了大量学术探讨(见表1.4)。沈晓艳等(2017)通过构建人均绿色GDP及绿色GDP指数,对1997—2013年中国31个省(市、自治区)的绿色GDP进行了核算。研究均发现从时间角度来看,绿色GDP呈波动上升趋势;从区域角度来看,东部沿海地区绿色GDP指数高于中西部地区。

表1.4　中国绿色GDP的相关研究

研究尺度	研究区域	研究期	研究方法	绿色GDP指数
全国	中国	1992年	投入产出法	99.78
	中国	2004年	SEEA	93.50
	中国农村	1990—1996年	SEEA	95.95
省级	福建	2001—2006年	能值分析法	45.00~55.00
	江苏	1999—2010年	SEEA	85.60~87.55
	上海	1953—1998年	支出法	25.00~50.00
	新疆	1996—2004年	SEEA	61.22~84.05
市级	陕西榆林市	2001—2006年	SEEA	42.55~75.07
	陕西商洛市	2003—2012年	能值分析法	49.85~87.50
	山西大同市	2002年	SEEA	60.24
	湖南怀化市	2006年	能值分析法	30.01

(续表)

研究尺度	研究区域	研究期	研究方法	绿色 GDP 指数
县级	岳阳市平江县	2012 年	SEEA	95.80
	雅安市雨城区	2002—2004 年	SEEA	97.1~97.5

资料来源:沈晓艳,王广洪,黄贤金.1997—2013 年中国绿色 GDP 核算及时空格局研究[J].自然资源学报,2017,32(10):1639-1650.

结合中国现实考虑,绿色 GDP 核算还存在着以下问题:① 研究不够均衡。尽管资源核算已经开展了相当长时间,但各区域资源之间的研究存在很大差异。对森林资源、土地资源等研究进展快,但对水资源、大气资源及环境退化的核算进展较慢;对资源环境的实物量核算成果丰富,但对资源环境的价值量核算成果却较少。② 理论有待完善。目前,资源环境核算的理论研究虽取得了一定进展,但还不完善。比如资源环境价值理论不统一,价值来源、价值确定方法、价值计量模型没有规范且争论较大,这成为将资源环境以价值量方式纳入国民经济核算体系的最大障碍。③ 研究成果应用性差。资源环境核算及其纳入国民经济核算体系取得了一定的研究成果,但这些成果大部分局限于学术交流阶段,距离实际应用还有相当的差距。其原因可能包括学术界同政府之间的协调关系尚不密切,研究成果的应用性不够广泛,研究成果缺乏大力推广等。

(二) 真实发展指标

真实发展指标(Genuine Progress Indicator,简称 GPI)是由 Clifford Cobb 等人于 1995 年基于 Irving Fisher 的收入和资本理论提出的,Fisher 指出国民收入不应由某年生产的商品量决定,而应由商品的消费者所享有的服务构成。GPI 模型是一种测量可持续经济福利和进步的适当方法,一种衡量增长的成本和收益的指标。作为测量经济福利的指标,GPI 的计算以直接与人类福利相关的个人消费支出为基础,并且考虑了 GDP 所忽视的社会、环境、经济现象中影响人们生活质量的因素,比如家务劳动的成本、失业成本、耕地减少的成本等。GPI 是对 GDP 的一种修正计算,它评估被 GDP 所忽略的经济生活的 25 个方面对经济的贡献,然后将这些因素予以综合,以确定这些经济活动的效益及其代价。因此 Cobb 等建立的 GPI 模型较 GDP 相比,加上了如个人消费支出等项目,减去了如耐用消费品成本等项目,能更好地对发展指标进行衡量(Long 等,2019)。

GPI 的概念近年来也得到了学术界的广泛关注。对 GPI 的实证研究发现,大多数国家的社会福利存在阈值假说(Threshold Hypothesis)。Long 等(2019)估算了中国 31 个省(市、自治区)1997—2016 年的 GPI,发现研究期间部分省份的 GPI 呈下降趋势,社会福利的增长慢于社会经济的增长,社会福利的损失主要来源于资源消费、环境污染,尤其是水污染。

GPI 的评估结果容易受到收入不平等、气候恶化以及非可再生能源消减的影响。值得注意的是,与绿色 GDP 一样,GPI 是一种针对流量的测算,并不能表明一种真正的可持续发展能力。

第三节　关于资源环境溢出效应的研究进展

一、资源环境溢出模型的研究进展

针对资源环境领域溢出效应的研究方法,本部分主要从资源环境领域相关产业这一视角着手,介绍资源环境领域的产业内、产业间和区域内的溢出效应,并分别对产业的水平溢出、垂直溢出和空间溢出相关模型方法进行简要说明,其中对于水平溢出和垂直溢出的研究目前主要集中在对 FDI(对外直接投资)带来的溢出效应的研究。

水平溢出主要体现为同一产业不同部门间的水平链接效应。Feder(1983)构建了两部门模型,对 19 个国家和地区及 31 个国家和地区两组样本进行实证研究。结果表明,出口部门对非出口部门存在外部性。他指出,技术较为先进的国家出口多样化的、在国际市场上更具竞争力的商品,能够促进出口部门和非出口部门间的联系,增大非出口部门进行技术创新的动机。出口部门的边际要素生产率高于非出口部门,所以,一方面非出口部门得益于模仿、学习出口部门的生产技术或直接利用出口部门提供的基础设施,充分利用其技术溢出;另一方面,人力资本的迁移是知识传播、技术转移的一种重要途径,因而出口部门人力资本向非出口部门的流动会对后者的技术创新起到一定的带动作用。李善同等(1998)利用感应度系数和影响力系数得出我国1987—1992年工业产业占比显著上升、制造业内部资本品工业产值比重上升、资本品工业关联度上升、其他部门对资本品产业中间使用率上升的变化特点。许和连等(2005)的研究表明,工业制成品出口部门对非出口部门的技术外溢缩小了两部门间的要素生产率差异。本书第三章第二节也采用产业影响力系数和感应度系数这两个应用广泛的指标对资源环境领域的产业水平溢出进行研究分析。

垂直溢出主要体现在相关产业或行业的购买和服务过程中,某一产业或行业的技术发生了变化,影响到与其相关联的其他产业或行业,迫使后者对其原有的技术体系进行改进(Kneller等,2007)。这在加工贸易中表现得尤为明显,跨国公司通过技术援助带动从事加工贸易的配套供应商,促进其技术进步,加工贸易配套供应商又会对其相关行业具有技术创新的需求,即一个产业或行业内的技术创新对相关产业或行业的技术创新有很大的启示和促进作用。通常情况下,加工贸易采购商品的技术含量越高,技术转移和技术外溢的效果就越明显,对当地技术进步的促进作用也就越大。邹武鹰等(2007)利用1996—2003年17个制造业对16个国家的出口贸易面板数据实证检验了我国出口贸易企业的水平链接和后向链接效应。胡翠等(2014)采用1999—2007年全部国有和规模以上非国有制造业企业[①]的数据,发现上、下游行业集聚对制造业企业生产率有显著为正的影响;集聚的垂直行业间溢出效应大小与企业规模负相关。本书的第三章第二节将采用EG指数这个应用广泛的指标对资源环境领域的产业垂直溢出进行研究分析。

空间溢出效应的研究起源于国外并得到了长期的系统发展。Hirschman(1957)的极化-涓滴学说较早地阐述了不同经济发展水平地区间的交互作用和相互影响。以此为基础,Richardson(1976)将地区间的扩散(涓滴)作用称为

---

① 规模以上非国有制造业企业是指全部年产品销售收入在500万元及以上的非国有制造业企业。

14

正溢出效应,对应地,回流(极化)作用则称为负溢出效应。中国地区间经济发展的溢出效应研究得到广泛关注。Ke(2010)研究发现中国不同等级的城市间存在显著的空间相互作用,西部地区地级城市间具有微弱的正溢出效应,而对等级较低的县级城市具有负溢出效应;滕丽等(2010)计算了北京、上海和广东等省市经济发展对中国其他省区的空间溢出效应;王少剑等(2015)使用空间马尔可夫链分析法验证了广东省县域经济发展存在空间关联和溢出效应。

测度空间溢出效应的方法主要包括三种。第一,使用空间滞后模型或空间误差模型的回归系数来表示空间溢出效应;第二,使用空间杜宾模型(SDM)的自变量空间滞后项体现空间溢出效应;第三,LeSage 等(2009)进行效应分解,将总效应分解为直接溢出效应和间接溢出效应。本书的第三章第二节将进行更加详细的阐述。

二、资源环境溢出理论的研究进展

(一)环境资源价值理论

环境污染对经济的可持续发展造成了严重威胁,其产生的外部性成为阻碍环境与社会协调发展的难题。研究者从不同的角度提出了解决这一问题的建议,其中产权制度、法律、自愿协商的构想就是基于环境资源价值理论研究的结论。目前,生态环境资源具有价值这一观点已经被社会认知接受,环境资源价值理论日趋成熟,为合理解决资源环境开发利用过程中的外部环境成本问题提供了理论依据。

1. 环境资源价值的内涵

早期的西方经济学家对环境资源价值的认识局限于能够作为生产要素参与生产的有形自然资源。1987 年,世界环境与发展委员会(WCED)编写的报告《我们共同的未来》("Our Common Future")中,首次提出了可持续发展的概念,经济学家对环境资源价值的研究方向开始转移,转向了无形生态价值研究。Krutilla(2013)提出了舒适型环境资源价值理论。他认为舒适型环境资源的特点是不可逆性、不可再生性以及唯一性,应该重新认识该类资源价值的构成。

对环境资源价值的理解还有一种从劳动价值理论角度出发的解释,认为环境资源价值是通过货币的形式计量环境效益。微观经济主体在社会经济活动中由生态环境产生的各种效益都属于环境资源价值,可以通过货币的形式衡量环境资源效益,因此,这种观点实质上评价的不是价值,而是环境资源的使用价值。

国内学者对环境资源价值也进行了深入研究,普遍认为环境资源价值应该价值化、资本化。中国矿业大学朱学义教授从矿产资源入手探讨环境资源价值,认为环境资源价值主要包括现实社会价值、潜在社会价值等几个方面。这几方面的价值随着环境资源开发利用的不同阶段得以逐步体现,国家作为环境资源的所有者需要将不同阶段的环境资源价值加以合理计量,对不同阶段的环境资源价值给予补偿,以保障顺利进行环境资源的再生产。在现有的技术水平下,环境资源的开发利用都会导致环境资源的损耗和生态环境不同程度的破坏。在经济、社会、资源和环境的可持续发展的要求下,需要进行环境治理及生态恢复,因此,资源所有者需要承担巨大的经济成本。从理论上讲,环境治理及生态恢复投入的劳动力、技术和费用应被列入环境资源价值中予以补偿,即环境成本内部化。

2. 环境资源价值理论的经济学解析

从环境资源价值来看,环境成本内部化的首要任务就是安排环境资源的产权,通过对环境资源的所有权、使用权、转让权和收益权的安排体现环境资源的稀缺性。R. H. 科斯(R. H. Coase)认为,只要产权初始界定清晰,在市场机制下,当交易成本为零时,通过当事人谈判交易,就可以完成环境资源的有效配置。现今经济学界把这一结论称为"科斯第一定理"。可以看出,通过安排环境资源的产权,市场机制会实现资源配置的帕累托效率。图 1.1 表示了科斯第一定理基于环境资源价值理论的环境成本内部化问题。

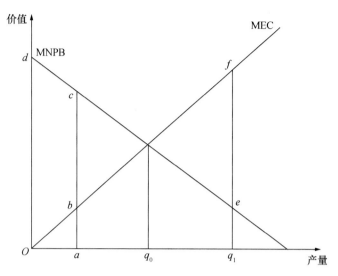

图 1.1 基于环境资源价值理论的交易分析图

图 1.1 中,MNPB 代表企业边际利润。企业边际利润是产量水平的一单位变动所得到的利润。MEC 代表边际环境成本,表示环境资源所有者承受的损失。假定企业能否使用环境资源取决于其所有者,这意味着若环境资源所有者不想承受损失,就会要求企业将生产规模保持在原点,即企业产量为 0。企业为了获得利润就会和环境资源所有者谈判。假设双方谈判结果是允许企业使用环境资源,产量移到 a 点,企业会获得利润 $Oacd$,环境资源所有者承担成本 Oab。由于 $Oacd > Oab$,企业可以补偿环境资源所有者大于 Oab、小于 $Oacd$ 的价值,用于环境资源所有者进行环境治理及生态恢复。这样,企业和环境资源所有者都能获益,环境资源能得到合理利用,是帕累托改进。既然产量移向 a 水平属于帕累托改进,那么生产规模继续扩大,产量右移到 q_0 水平也同样是帕累托改进。但产量到达 q_0 水平后生产规模继续扩大就不同了,产量移到 q_1 点,企业会获得利润 Oq_1ed,环境资源所有者承担成本 Oq_1f,如果 $Oq_1ed = Oq_1f$,即此时企业的利润等于环境资源所有者承担的成本,交易不会出现双方获利的情况,不具有谈判的基础。所以,如果环境资源所有者决定环境资源的使用权,生产规模开始于原点,产量自然会趋向 q_1,但不会达到 q_1 的水平。

假定对企业环境资源使用权没有限定，那么企业生产规模必然扩大到 q_1 水平以上，最大限度地使用环境资源以获取最大利润。此时，环境资源的所有者可以给企业一定的补偿激励，使企业减少产量和环境资源的使用，产量向左移动至 q_1 水平以下也是帕累托改进。

通过上述分析可以知道，安排环境资源的产权可以使环境资源利用率趋于有效，通过市场交易达到社会最优配置，其前提是交易成本为零。因此，产权制度对环境资源配置的效率具有极为重要的作用，为解决环境资源配置上的市场失灵问题、实现环境成本内部化提供了理论支撑。

（二）公共物品理论

环境资源配置使用的负外部性是指未能通过市场交易获得补偿的市场失灵和资源的低效率配置。这给承受方带来了不公平的结果，同时更助长了生态环境的恶化，因而应对其采取有效措施加以化解，为此首先需找到其产生的根源所在。

1. 公共物品理论的内涵

公共物品与私人物品相对应。公共物品（Public Goods）是指这样一些物品，在一个人增加对它的消费时，不会降低他人拥有的消费量和消费水平（非竞争性的），而生产者一旦提供这种产品，就不能阻止任何人的消费，甚至他人不付费也能享受它带来的利益（非排他性的）。因此，它具有消费或使用上的非排他性和非竞争性两个特征。同时具备这两个特征的物品就是纯公共物品，如国防、广播等。具有消费的排他性而不具有竞争性或具有消费的竞争性而不具有排他性的物品叫准公共物品或"公用品"（Public Utility），如交通、公园等。在我国，环境资源的所有权属于国家，但环境资源的使用权却是通过代理形式委托给各级政府。地方政府官员为了谋求政治晋升，都试图通过最大化的环境资源消耗追逐经济增长，导致环境遭受严重破坏。这就出现了英国学者 G. 哈丁（G. Hadin）提出的公地悲剧现象。

公地悲剧指出，在没有制度的约束下，公共事务中的自由给所有人带来了灾难，有限的公共资源与无限的个人欲望之间的矛盾必然会造成资源的滥用、破坏甚至枯竭。每个人都追求各自利益的最大化是造成公地悲剧的根源。公地悲剧的核心问题是公共资源在产权上定义不清,是其非排他性以及由此造成的资源浪费和不可持续利用。环境资源作为准公共物品具有典型的外部性特征,使用者也存在"搭便车"、过度使用行为。经济主体力求使自己的眼前利益最大化,尽可能地增加对环境资源的使用和排放污染,并获得因此带来的全部收益;各地区按照经济效益最大化安排生产,将负外部性留给社会或他人承受,致使环境污染严重、资源枯竭。

2. 公共物品理论的经济学解析

公共物品理论认为,物品的性质通常可以从两个方面来考察:第一,排他性。当物品或服务的潜在用户可以被排除从而满足零售的界限和条件时,该物品或服务具有排他性;如果某人供给的某一物品任何人均可以从中受益,则该物品就具有非排他性。第二,消费的共同性。物品的这一特性意味着个人使用或者享受一项物品时并不阻止其他人使用或者享受,且量不少,质也不变。

需要强调的是,物品的排他性与消费的共同性往往只是程度上的差异,并不存在绝对排他或彻底共用的东西。所以仅仅在逻辑上可以将消费的共同性和排他性区分为两类:前者区分为高度可分的分别使用与不可分的共同使用;后者基于技术或成本的原因区分为可排他与不可排他。用简单的矩阵来表示这一分类的情况如表1.5。

表 1.5　物品的类型:排他性和消费的共同性

	分别使用	共同使用
可排他	私人物品:面包、鞋、汽车、理发等	收费物品:剧院、夜总会、电话服务、收费公路等
不可排他	公共资源:河流、水库、海鱼、地下石油等	公益物品:国防、灭蚊、空气污染控制、消防等

表1.5将所有物品划分为四类。环境资源属于表中公共资源这一类。其特性是:一方面,排斥因使用资源而获取收益的潜在受益者的成本过高,因此理论上基本不具有排他性;另一方面,环境资源又因其稀缺性(如一个人对流

域水资源的使用必将影响他人对水资源的使用)而具有难以共同使用的竞争性。事实上,正因为环境资源是这两方面特性的组合,不仅消费中的"搭便车"诱惑永远无法消除,"拥挤效应"(Crowding Effect)和过度使用的问题也将长期存在,由此就可能出现资源过度开采和环境污染,从而产生负外部性。

(三)外部性理论

根据福利经济学第一基本定理——"假定所有个人和企业都是利己的价格制定者,竞争的均衡便是帕累托最优",那么此时的社会经济体系也同时达到了最优状态。然而,这种资源开发企业的短期行为虽然满足了企业自身的利益需要,却造成了不可再生资源在开采时期的巨大浪费,这与资源的长期有效利用的目标是相违背的,必然会带来整个社会的福利损失。当这种短期行为给企业带来的收益小于其社会成本时,此时的社会经济体系就必然不是处于帕累托最优状态,即资源配置是无效率的。福利经济学第一基本定理为什么会失效?其原因在于外部性的存在。当个人和企业的效用相互影响时,各个微观经济主体利益最大化的结果加总不是社会利益最大化的结果,市场机制将失去效率。

1. 外部性理论的内涵

根据英国经济学家阿尔弗雷德·马歇尔(Alfred Marshall)在1920年提出的经济学说,按照生产规模扩大的不同类型,可将经济分为有赖于该产业的发达及微观经济主体协作的(外部经济)和有赖于某微观经济主体自身资源内在调配交易提高效率的经济(内部经济),马歇尔所说的外部经济就是外部性的体现。本书尝试将外部性定义为:某个经济主体的行为影响了其他经济主体的福利,但是没有相应激励机制或者约束机制使其在决策时充分考虑这种影响。从外部性的一般表现形式来看,它主要分为产业外部性、地理外部性与时间外部性,其中关于产业外部性的研究最为丰富。本书主要围绕产业外部性和地理外部性进行研究。

产业外部性主要包括 MAR 外部性和 Jacobs 外部性。Porter 外部性则属于地理外部性,也被称为空间外部性。具体而言,MAR 外部性主要源于 Marshall、Arrow 和 Romer 三位学者的研究。Marshall(1920) 最先指出,相同或相似产业在同一地域的集聚能促进知识溢出,这是产业形成的原因;Arrow(1962)在 Marshall 基础上加以研究,进一步阐述了知识溢出如何作用于区域经济增长;Romer(1990)基于前两人的外部性理论,构建了内生经济增长模型。综合来看,MAR 外部性强调同行业企业在地理上的集聚可以产生知识和技术的外溢、中间投入品的共享以及劳动力市场的共享,因此这种动态的行业内集聚经济也被称为马歇尔外部性。同时,由于产业内部垄断限制外流,环境更利于技术进步。Jacobs 外部性则是由 Jacobs (1969)提出,他认为知识溢出传播主要发生于不同产业,产业的多样性相对于单一化的产业结构来说更利于技术的创新以及产业增长,同时,区域垄断的"一家独大"态势会导致企业存在懈怠心理,进行技术创新的热情度不高,适当的区域竞争对于技术创新是一种激励。本质上,这种跨行业集聚的 Jacobs 外部性可以从经济的多元化和经济总量中获得较大收益。Porter 外部性则主要来源于 Porter(1990) 的新竞争经济理论。Porter 承认一定程度上相同或者类似企业的集聚有利于促进知识溢出和经济发展,但是他认为是区域竞争而不是垄断促进了创新。新竞争经济理论坚持认为集中于特定区域的同一产业内部不同经济主体之间具有协同效应,由此在各个方面形成的竞争优势是远距离的竞争对手所无法企及的。该理论认为一个地区产业的竞争力主要取决于生产要素、需求条件、相关与支持产业及企业的战略、结构与竞争四方面。这四方面因素相互联系、相互制约,构成了影响产业竞争力的钻石模型。

2. 外部性理论的经济学解析

目前环境污染对经济的可持续发展造成了严重威胁,其原因是多方面的。从经济学角度看,原因包括出现市场失灵以致成本和收益不对等、市场价格无法反映资源的稀缺性、权利和义务不一致等问题,这些问题产生的真正根源在于环境成本的负外部性。

在生产经营过程中,出于政府规制、外部环境的压力或企业自身利益及社会形象等方面的考虑,企业也会实施与环境治理相关的一些行为,若投入达到一定的水平也会产生正外部性,如图 1.2 所示。

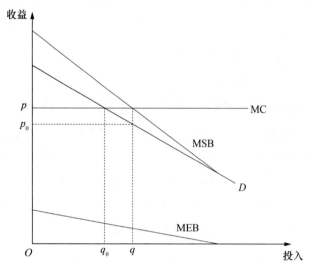

图 1.2 环境成本的正外部性的经济影响图

图 1.2 中,横轴表示用于环境成本内部化的企业投入;纵轴表示环境成本内部化带来的收益;D 表示企业边际收益曲线,衡量环境成本内部化对企业边际私人收益的影响;MSB 表示边际社会收益;MEB 表示边际外在收益;MC 表示边际成本。当存在正外部性时,曲线 MSB 在曲线 D 上方,边际社会收益大于边际收益,二者的差额即边际外在收益。环境成本内部化投入较小的时候,边际收益大,随着环境成本内部化投入的加大,边际收益会有所下降,因此边际外在收益曲线 MEB 向下倾斜。企业在政府规制、外部环境的压力下或出于自身利益、社会形象的考虑,环境成本内部化投入由 D 和 MC 的交点决定,即企业投入达到 q_0 水平。如果投入大于 q_0 会产生环境成本的正外部性。对于社会生态环境而言,最佳环境成本内部化水平应该是由 MSB 和 MC 的交点决定,即投入应达到 q 水平,但企业不会得到它对环境成本内部化投入的所有收益,也可以说出现了产出无效率。

通过分析可知,环境成本的负外部性导致社会产出无效率,正外部性存在但难以达到有效的最佳投入水平,说明环境成本的外部性导致了市场失灵。因此,如何实现环境成本内部化,纠正环境成本的外部性导致的市场失灵是解决环境问题的基本问题。

1920 年,庇古在《福利经济学》一书中提出了通过国家税收方法实现环境成本内部化的思路。庇古认为向产生外部环境成本的企业进行征税(这种税也被称为"庇古税"),可迫使企业增加环境成本内部化投入,实现私人成本和社会成本的一致,纠正环境成本的负外部性,实现环境资源最优配置。如图 1.2,如果对企业征税水平达到 MC,符合利润最大化原则,企业产量会调整为社会最优生产水平 q_0,环境成本控制在被环境系统自行消解的 $W_0(=q_0 \times p_0)$ 水平,这样就能解决环境问题。庇古这种以由政府主导的经济机制实现外部成本内部化的主张为解决环境资源配置上的市场失灵问题提供了理论依据。但是,这种征税实现的社会最优生产水平 q_0,相当于政府规制下企业增加投入的效果,按图 1.2 的分析,也会出现产出无效率,也就是说环境问题不能得到真正解决。

第四节 资源环境空间格局测度的研究进展

本书第四章介绍了资源环境空间格局的测度,对资源环境空间格局测度的三种常用方法进行了总结,并给出案例示范。第四章的重要目标是对资源环境价值进行核算和对资源环境的空间效应进行总结梳理。空间格局的测度是这两大研究目标的基础,本书有必要阐述资源环境空间格局的测度。

第一,资源环境的空间格局衡量了资源环境的本底条件,而资源环境的空间效应与资源环境本底条件有关。资源环境为人类生存和发展提供物质基础,经济发展在以资源环境为物质基础的同时也给资源环境带来影响。中国的资源环境本底及其开发条件总体上决定了国家人文活动的空间结构基本特征。资源环境作为人类及其文明诞生和发育的基础,无论在人地关系地域系统中,还是在城市 PRED[①] 系统中,始终处于核心地位。人地关系演进过程也体现了人类对周围自然资源开发和利用程度的逐渐深化,区域资源环境状态是决定人类活动空间格局的基础所在。中国资源环境基础与区域开发模式分

---

① PRED 是指区域人口 (Population)、资源 (Resource)、环境 (Environment)、发展 (Development),城市 PRED 协调发展是城市可持续发展的重要内容。

析中,首先需要进行国家资源环境本底的区域格局总体分析,在淡水、耕地、草场、生态(森林)、能源和矿产六大资源环境要素组合的基础上展开,以此形成中国资源环境区域格局的本底评价。

第二,资源环境的空间溢出是空间效应的主旋律,而资源环境空间格局决定了溢出的范式与强度。社会经济客体在区域或空间的范畴总是处于相互作用之中,存在空间集聚和空间扩散的两种倾向。风向、水流等自然因素使一个地区的资源环境承载力必然受到邻近地区的影响,具有很强的空间关联性,而工业企业通过生态创新的空间溢出效应对资源环境承载力产生影响。各区域在地理空间分布、资源格局、气候条件、产业结构及经济发展水平等方面存在较大差异,同时还具有较强的空间相关性,区域间的集聚与溢出效应的研究有利于区域间合理分配。对空间格局的研究可以识别所研究区域的空间集聚或扩散特征,而空间集聚与扩散是空间溢出效应的基本前提。

第三,资源环境空间格局测度是资源环境价值核算的基础,资源环境价值的空间化表达具有现实意义。郝慧梅等(2011)对关中地区土地利用变化过程中的生态服务功能价值空间格局进行构建和动态核算,并据此提出未来关中地区不同区域土地资源开发的主导方向和重点环节。姜翠红等(2016)提出准确核算青海湖流域内生态服务价值、揭示生态服务价值的空间格局特征对于制定青海湖流域科学生态环境保护政策具有一定的现实意义。陈书林等(2017)在野外实地调查的基础上,利用地理信息系统(GIS)技术、地统计学方法及生态经济学价值量评估方法,估算了广西斯道拉恩素公司两个原料林基地桉树人工林不同树种有机碳储量及其价值。从学者的研究来看,资源环境的价值核算问题及其空间格局表达,是探测资源环境现状、制定资源环境政策的重要方面。

资源环境空间格局测度的重点在于掌握资源环境空间格局测度的理论和方法,目前主要包括三个层次的内容:景观格局分析、社会网络分析和流空间分析。这三个层次是资源环境空间格局测度的理论、方法、研究路径,并且具有极高的可操作性和实用性。第四章在整理了资源环境空间格局测度的相关研究进展后,建立起资源环境空间格局测度的框架体系,并从景观格局分析、社会网络分析和流空间分析出发,详细阐述了不同理论涉及方法的使用步骤,并辅以案例说明。

一、资源环境空间格局内涵的研究进展

资源环境的开发利用是区域发展的重要内生禀赋,其自身的服务价值保障则是区域发展的关键外在约束。对资源环境的空间格局进行测度有助于人们充分了解所属地域的资源环境分布状况和协调人地关系,进而能够在平衡发展需求和保障自然价值的前提下,对特定资源环境进行可持续性的开发利用,并对不同情景下的资源环境格局发展进行评估。因此对资源环境的空间格局进行测度是区域发展中面临的重要问题。空间格局可用格局规模、格局强度、格局纹理三种特征来描述。资源环境的空间分布与地表格局是人们对生存与发展所需的物质基底的客观反映与主观表达。对资源环境空间布局的理解普遍从以下方面展开。

(一) 不同地理特征局限下的空间分布

地球上地物资源分布的不均、对物质输送的干扰也存在异质性,因此资源环境受到地域特征的影响而表现出不同的分布特征。国内外学者对此展开了大量的研究,这些研究根据资源环境本身所具有的地理属性、价值属性和脆弱性属性,主要围绕土地利用格局、资源生态服务价值和生态脆弱性的空间格局特征刻画等方面。如 S. Li 等(2019)基于区域重建数据集、遥感数据集和放牧强度数据集等多源数据评估了青藏地区的环境情景。Dorjsuren 等(2018)对贝加尔湖盆地的气候变化、土地覆盖和植被的空间格局变化趋势进行了研究,补充了关于流域敏感性的研究,增加了对气候变化的适应性的理解。张雷等(2018)从国家资源环境本底的区域格局总体分析入手,在淡水、耕地、草场、生态(森林)、能源和矿产六大资源环境要素组合的基础上形成了中国资源环境区域格局的本底评价。董光龙等(2018)从生态环境、立地条件、区位指标3个方面选取指标,采用极限条件法对山东省耕地后备资源宜耕性进行评价,并分析不同类型耕地后备资源的空间分布特征。

资源环境还具有重要的生态服务价值属性。对资源环境的生态服务价值进行评估有助于处理土地利用和覆被变化、生态服务供应和社会效益之间复杂的相互关系。而在不同的地理区位特征下，资源环境的生态服务价值也各有侧重，反映在空间格局上就是存在着明显的异质性。如 Baró 等（2016）提出了一个用于评估生态服务容量、流量和需求之间的关系的分析框架，并以西班牙巴塞罗那大都市区为例进行了研究，发现对于城市人口至关重要的空气净化和户外娱乐生态服务的各项指标都随着城市空间向乡村空间的转移发生了一致性变化。生态服务的流量主要发生在城郊绿地，而最高容量值主要存在于大都市区郊区的保护区，生态服务需求的缺口大多位于主要城市核心区。Paudyal 等（2019）以尼泊尔 Phewa 流域为例，使用遥感数据和生物物理数据对优势生态服务价值进行了定量和定性评估及空间表达，研究结果发现，在过去40 年中，研究区的土地退化发生了实质性逆转，并有明显的森林恢复。张丽琴等（2018）采用当量因子修正的生态系统服务价值评估模型、空间分析等方法，分析了武汉市 1990—2016 年 4 个时期土地生态系统服务价值变化特征及空间演变规律，发现城市生态系统服务价值的空间分布受城市发展方向和土地利用结构影响较大，河流湖泊在改善城市生态环境方面具有重要作用。韩晔等（2015）运用景观生态学和生态系统服务理论，对西安市绿地吸收雾霾的生态系统服务价值进行了测算和空间分析。

资源环境面临着气候变化、工业化和城镇化发展下的多方面的威胁风险，不同地域因抵御和恢复能力存在差异而表现出不同程度的生态脆弱性。Ojoyi等（2015）利用来自 335 个家庭的社会数据和遥感卫星图像数据，研究探讨了不同的生态和社会经济因素如何影响坦桑尼亚莫罗戈罗地区的生态系统脆弱性。D. Li 等（2018）在高空间分辨率下同时整合暴露度、灵敏度和弹性来评估全球陆地生态系统对短期气候变化的相对脆弱性，结果表明脆弱地区目前主要分布在平原地区。Zhao 等（2018）选用地形、气象、植被和灌溉条件等指标，使用熵值法对中国大陆的环境脆弱性在不同空间尺度下进行了评估，结果显示中国西部的脆弱程度显著高于华东地区，东北地区主要是轻度脆弱区。中部地区的环境脆弱性是较为轻微的，而西部地区则分布了大多数中度至重度脆弱的地域。方创琳等(2015)采用系统分析方法和综合指数评价法,从资源、生态环境、经济和社会四个方面构建了中国城市脆弱性综合测度指标体系,对中国地级以上城市脆弱性及其空间分异做了总体评价。张晓瑞等(2015)从生态敏感性和生态恢复力两个方面构建测度指标体系,应用 GIS 的空间分析技术定量测度城市生态环境脆弱性的大小并划分等级分区,进而得到不同的脆弱性调控类型区,并以合肥市为例进行了案例分析。

(二) 不同影响因素作用下的空间分异

空间分异指的是在受到某一或若干因素的作用影响下,资源环境表现出不同的空间分布与地表格局。这一领域成果颇丰,研究内容主要关注的是资源环境空间分异与其驱动影响因素之间的关系。例如,Yu 等(2019)利用长江三角洲作为研究区,研究现代城市化对传统农业的威胁。该研究评估了1995—2015 年长江三角洲 16 个城市农田面积和农业多功能性的变化。Feng等(2018)评估了 1975—2015 年位于中国东南沿海的宁波市的土地生态安全时空格局,并对相应的驱动影响因素进行了探讨,发现影响宁波市土地生态安全时空格局的主要因素是到市中心、区中心和道路网的距离,以及移动窗口建成区域。刘耀彬等(2012)基于"湖泊效应"假设与城市空间结构理论,提出了湖泊影响周围城市经济的理论模型,并以环鄱阳湖区为例进行实证分析。研究显示,在鄱阳湖影响下,环鄱阳湖区城市分布密度和交通网络密度都随着到湖心距离的变化而呈现出先逐渐增大再逐渐减小的趋势,但随距离进一步增加,城市分布密度和交通网络密度又呈增大趋势,由此根据极值原理和专题属性将环鄱阳湖区划为了 3 个城市经济影响区。王伟(2019)从人口、社会、经济、环境、科技五方面分析了 1985—2015 年常州地区耕地空间分异的影响因素。研究发现,经济因素尤其是人均 GDP 与地均 GDP 的比重是常州南部地区为耕地密集区、北部为耕地稀疏区的主要原因。李海玲等(2018)的研究则发现,表征系统现状稳定性的敏感性指向指标对城市脆弱性影响较大,以水资源约束为主的自然条件、资源型产业、城市规模和行政级别是影响西北地区城市脆弱性的关键因素。

（三）行政力量的空间引导

资源环境的空间格局在非自然因素的影响下也可能会发生改变或呈现出某种特征。其中，行政力量对空间格局的引导和改造作用不容忽视，并有直接作用和间接作用两种形式。快速变化的环境政策和治理制度对于资源环境空间格局变化至关重要，属于能够直接作用于资源环境空间格局的行政力量。20世纪90年代后期以来，中国实施了多项植被保护政策，这类政策的实施在很大程度上影响了资源环境的分布格局。如Yin等（2018）重点研究了中国生态恢复计划重点区域之一的内蒙古在2000—2014年的土地利用和土地覆盖变化（Land Use and Land Cover Change，LULCC），发现自该计划实施以来，森林消减降速，并在生态计划区内出现了森林的净增产；退耕还林主要发生在生态规划的早期阶段，且集中在较干燥的环境和陡峭的地形。张志明等（2009）认为政策是引起LULCC的重要驱动力之一，并以退耕还林工程为例分析了该政策的实施对山地景观格局变化的影响。

中国的主体功能区规划政策是政府根据不同区域的资源环境承载能力、现有开发密度和发展潜力，来统筹规划未来人口布局、经济布局、国土利用和城镇化格局。在这一过程中，资源环境作为区域发展的载体必然会因人类的政治、经济、文化等活动而发生渐变，在较长的时间尺度上就会表现出不同以往的空间格局，这是行政力量间接作用于资源环境空间格局的结果。孙久文等（2011）以中国区域经济政策的变迁为视角，分析了中华人民共和国成立以来，中国国土开发空间格局的演变，认为随着中国区域发展总体战略的深入实施，中国国土开发开始体现"集中均衡式"空间开发战略，中国经济活动在国土空间上的"大分散、小聚集"将成为一种新的格局。

二、资源环境空间格局测度方法的研究进展

（一）景观格局分析方法

景观格局一般指大小和形状各异的景观要素在空间上的排列和组合，包

括景观组成单元的类型、数目及空间分布与配置,比如不同类型的板块可在空间上呈随机型、均匀型或聚集型分布。它是景观异质性的具体体现,又是各种生态过程在不同尺度上作用的结果。景观格局分析的目的是在看似无序的景观中发现潜在的有意义的秩序或规律(李哈滨等,1988)。

关于景观格局分析已有大量研究,普遍以地理遥感信息数据为基础,整合多种复合分析方法对景观格局进行测度,并主要借由相应的景观格局指标如景观覆盖度和破碎度等进行分析与表达。如 Jaafari 等(2016)综合应用卫星解译数据和景观生态学方法,分析发现伊朗 Jajroud 保留区的景观格局在 1986—2010 年中经历了快速和剧烈的变化,景观格局指标显示这一变化主要是由退化的牧场和果园向城市类别转换造成的。江颂等(2019)以地处西北内陆干旱区的黑河中游为研究区,基于多期土地利用数据、气候数据及基础地理信息数据,采用 In VEST 模型、最小二乘回归、空间回归及地理加权回归等方法,揭示土地利用与景观格局对产水的影响。崔王平等(2017)以重庆市主城区为研究对象,采用样带梯度分析和景观格局分析相结合的方法,基于研究区独特地貌特征和不同经济环境,对 1995—2014 年研究区景观格局演变的样带响应和驱动机制进行对比分析。

(二)通达性和网络化分析方法

资源环境空间格局可以看作一种空间组织关系的体现。通达性和网络化的分析方法通过识别具有特殊功能的资源环境区域,评估周围环境以及土地、气候、水源等资源环境变化产生的潜在影响;并可以在一定程度上脱离资源环境的自然属性约束,帮助人们认识和掌握关键物质或功能的网络拓扑关系,据此及时做出相应的政策调整,具有很强的现实政策指导意义。

常用的方法有资源环境的景观连通性分析、生态源地识别和关键廊道提取、循环网络构建等。Melly 等(2018)研究探讨了湿地的空间分布模式,分析能否在无需特定地点数据的情况下识别需要重点保护和管理决策的关键系统,并通过概率建模和最低成本分析方法确定处于风险中的关键湿地。Liu 等(2017)构建了一个引入了点、线和区域概念来连接城市景观模式和生态代谢过程的研究框架,并以城市水代谢为例,分析了城市生态系统中的自然水文过程和社会水代谢,计算得出了社区的水平衡。游珍等(2018)以长江经济带1088个自然保护区为基础,根据斑块密度、斑块走向、斑块连通度等,结合地形地貌、气象气候等条件在长江经济带划出10条不同类型的生态带,将这10条生态带连接后,可以在长江经济带协调性均衡构建"一横四纵"的生态网络,进一步根据自然保护区斑块密度和连通度,将其划分为保持维护区、稳步建设区和加速建设区。卢小丽等(2015)以传统DPSIR(Driving forces-Pressure-State-Impact-Responses,驱动力—压力—状态—影响—响应框架)概念模型为基础构建中国沿海城市生态安全系统评价指标体系,通过结构方程模型辨识中国沿海城市生态安全系统的结构框架,运用生态网络分析法建立信息传递方程,对生态安全系统稳定性进行了测度。

(三) 流空间分析方法

1. 流空间与地缘经济

王淑芳等(2019)总结出流空间与地缘经济间存在强关联性。成升魁等(2007)指出"流"主要是指物质流和非物质流在不同区域间所产生的运动、转移和转化。流空间是各种要素流存在和运动的场所。从空间视角看,不同主体之间发生的单向、双向或多向的流动是区域间相互作用的表现方式。Haggett(1977)提出区域的空间差异及需求的互补引起了各种要素的流动。张新林等(2016)提出在通道建设基础上节点之间的要素移动又形成了流动关系网络。流空间是促使信息流动及物质转移的一种社会组织形式,是社会中起支配作用的空间形态。它一方面表现为由节点、枢纽、回路等组成的网络,另一方面表现为该网络所承载的信息流、人流、物流、资金流、技术流、资源流等时空位移所形成的关系和格局。流空间理论可用来指导地缘经济环境、地缘经济关系、地缘经济结构和地缘经济功能等问题的研究,探析地缘经济体之间要素的流量、流向、规模和等级,解析地缘体之间经济联系的强弱程度以及地缘经济体互动所形成的空间结构和格局。

2. 流空间与城市发展格局

方创琳(2013)运用流空间理论指导中国城市发展格局优化,认为要充分考虑包括资金流、资源流、产品流、能源流、人才流、知识流、信息流、劳力流、技术流、物流等突破国界、洲界和区域空间的限制,由实体空间转变为虚拟空间,由有边界的静态要素流变为无边界的动态要素流,在全球范围内配置资源。全球产业链和价值链发生的空间变化对中国城市发展格局产生重大影响,传统的国土空间开发理论与生产力布局理论受到前所未有的挑战。新型城镇化背景下中国城市发展格局的优化要基于流空间理论,创新驱动因素,总结流空间特点,形成建立在流空间理论之上的全新城市发展格局。

3. 流空间与城市网络格局

西方学者依据流空间理论开展的世界城市网络(World City Network,WCN)研究,打破了现实距离阻尼的束缚,基于各类关联"要素流"进行世界城市体系探索,揭示城市间经济、社会、文化等多元领域的多层次隐性融合。Taylor等(2007)提出在区域城市化和经济一体化过程中,城市之间的经济社会互动并非局限于垂直的单向关联,以企业集团母子公司为代表的城市行为主体的跨区域布局及其地域分工,以要素传递的方式架构起城市流空间,其间"要素流"的汇集决定城市节点等级。王成等(2017)在研究山东省城市关联网络演化特征时,研究了流空间在城市网络格局中的作用。伴随着我国城市群和城市区域的发育成熟,以及WCN研究范式的地方化,对全国范围和城市区域内部多中心城市网络关联的研究逐步成为探索我国城市与区域空间发展演化的重要领域。研究发现中国区域空间结构正由"点轴"模式向"网络化"模式转化,"准网络化"的空间格局逐渐显现。

第五节　资源环境政策评估研究进展

一、资源环境政策有效性的研究进展

经济学家普遍认为,资源环境问题具有外部性,即个人收益不等于社会收益。在这种情况下，如果没有政府的干预，市场是不可能自动修正这个缺陷的，从而会出现市场失灵。这就是庇古著名的外部性理论，它为资源环境问题的解决提供了一个经济分析思路，也为政府介入资源环境治理提供了一个合理性的理论依据。但是大量实证研究却表明，不仅市场会出现失灵，政府的规制也不一定有效，同样会产生政策失灵（Dixon 等，1993；Bergland 等，1997）。在综合有关研究的基础上，学者们进一步提出，除了利用政府规制和市场机制，资源环境质量的改善还有赖于全社会环保意识的提高（Xepapadeas 等，1999）。这就是近些年西方发达国家纷纷采用公众参与政策工具的理论背景。

国内学者也同样讨论政府的资源环境保护政策能否有效地起到改善资源环境的作用。包群等（2006）在检验中国的环境库兹涅茨假说的过程中，就考虑到了环境政策的作用，通过采用各地区累计环境标准颁发个数作为度量环保政策的变量。实证研究发现，虽然人们普遍认为政府政策对环境污染的监督与管制是控制污染的必要手段，然而直接的政府环保措施实际上并未达到有效的目的。胡剑锋等（2008）以政策工具的实施效果为研究对象，对环境政策工具有效性的有关理论和观点进行了经验验证。研究认为要提高环境政策工具的有效性，还要充分考虑污染物的特点，以及所处的社会、政治和经济环境。彭昱（2013）从财政投入、排污费征收、环境治理项目等立足于保护环境的政策措施出发，利用中国 1998—2011 年 30 个省级区域的环境污染数据对政策的有效性进行了检验，依据实证分析结果得出，目前中国环境公共政策在效果方面仍有所不足，对于改善环境，地方进行财政投入的效果要优于中央，而环境治理政策则具有较明显的针对性。

经济学中的"有效"是指如果一项经济活动使得全社会的净收益达到最大化，不存在帕累托改进，那么该项活动就是有效的。由于资源环境政策是一种特殊的公共政策，因此在研究资源环境政策的有效性之前应先探讨公共政策有效性的含义。对于公共政策的有效性，部分国内学者认为是指公共政策的实施效果达到了施政者的预期目的。另外一部分学者从更广义的角度研究公共政策有效性，认为除了能达到预期目的，公共政策往往会产生施政者预期不到的效果，因此无论是否与预期目的相符，最终结果的好坏决定了对公共政策的评价。结合有效性的经济学含义,本书认为公共政策有效性是指在预期政策目标可实现的前提下,实施公共政策的边际成本与边际收益相等,此时政策的全社会净收益最大。资源环境政策有效性用于衡量资源环境政策实施后取得的成果,主要体现在资源环境质量的改善与污染物排放量的削减程度。资源环境政策是特殊的公共政策,单从经济学角度考虑,资源环境政策有效意味着边际治理成本等于边际损害。但由于资源环境政策的特殊性,在严重污染地区,为了满足人类基本生存需要,有时会暂时忽略成本对于资源环境政策的制约。

二、资源环境政策效果的研究进展

政策评估本质上是一种价值的判断。资源环境政策评估要给出判断的标准、评估的结论和影响因素。

对资源环境政策效果的研究是进行政策评价的依据,政策标准是政策效果评价的前提。宋国君等(2003)认为资源环境政策评估是完善资源环境政策体系的重要手段,可以使相关利益集团和公众全面了解政策的实施状况。该研究首先从公共政策的视角对环境政策的概念进行了清晰的界定,继而运用公共政策评估理论,介绍了资源环境政策评估的基本内容,并把政策的评估标准归纳为效益标准、效率标准、社会公平性标准和政策回应度标准。陆静超等(2008)在归纳分析资源环境问题的经济学根源的基础上,提出了资源环境政策效果及其综合评价体系,并指出政策效果评价包括有效性评价和功效评价两个方面。该研究主要从激励的视角探讨了完善资源环境政策效果的有效途径,并通过对激励的发生机制、一般形式与综合激励模型的分析,提出了资源环境政策的典型激励形式,得出在资源环境政策设计中必须引入激励机制的结论。Maas等(2012)指出资源环境政策效果的评价标准应该涵盖尽量多的经济和资源环境目标,并保持动态调整。Abler(2015)对中国农村非点源污染控制政策的选择进行了评估,并指出评估标准包括经济效果、政策有效性、资源环境影响和风险以及社会福利评价标准。研究指出,最优的政策工具是补贴和技术援助。刘研华等(2009)认为资源环境政策效率是指在规制活动中成本与收益之间的对比关系,当资源环境规制收益的成本弹性大于1时,资源环境规制收益的变动速度大于资源环境规制成本的变动速度,即资源环境规制有效率;反之,则资源环境规制缺乏效率。因此,可以通过构建资源环境规制收益的成本弹性系数对中国资源环境规制效率的变化趋势进行分析。研究表明,2001—2007年中国的资源环境规制效率是逐年下降的,而这个结果是由资源环境法律体系、监督体系和体制等多方面的原因共同造成的。叶祥松等(2011)首先运用因子分析法构建了一个综合污染指标作为坏产出变量,继而运用方向性距离函数测算了中国省际资源环境规制的规制效率。研究表明,1999—2008年中国环境规制效率整体呈现上升的趋势,但各地区环境规制效率差异较大。高树婷等(2014)运用DEA(数据包络分析)方法和Malmquist指数对中国排污费征管效率进行了测算和实证研究。结果表明,2005—2010年中国排污费征管效率水平普遍较高,且呈现逐年提高趋势,但各省之间的征管效率存在较大的差异。Miyamoto(2014)指出,当污染减排成本较高的企业与成本较低的企业在排放水平上存在较大差异时,配额政策将优于环境税政策。王红梅(2016)首次运用贝叶斯模型平均(BMA)方法比较分析了不同类型资源环境政策工具在当前中国资源环境治理体系下的相对贡献程度。结果表明,命令—控制型工具和市场激励型工具是当前中国治理资源环境污染最为有效的政策工具,并进一步指出中国在未来应不断完善市场激励型工具,推动排污权交易制度更广泛的实施。张可等(2017)运用多变量灰色模型准确地度量了各类农村水资源环境政策的减排效应。结果表明,中国农村水资源环境管理政策总体上具有较好的减排效果,但命令—控制型政策的减排效应显著优于"产业与经济型"政策。张友国(2013)运用可计算一般均衡模型(Computable General Equilibrium,CGE)比较研究了碳排放强度约束和总量限制的效果,并进一步模拟了要素—能源替代不确定情形下这两种约束对中国经济总量、碳排放总量、碳排放强度以及边际碳减排成本的影响。结果表明中国的碳强度约束是一个合适且有诚意的温室气体减排目标。童锦治等(2011)运用环境CGE模型考察了环境税优惠政策对资源环境保护、社会产出、产品供应和社会福利状况的影响,认为当政府使用税收减免工具时,应避免社会总福利的净损失。李钢等(2012)通过构建包含资源环境管制成本的CGE模型评估了资源环境管制强度提升对中国经济的影响。结论表明,资源环境管制强度的提升能够使中国当前的废弃物排放降至现行的法律标准,但同时将导致经济增长率和就业量的相应下降。时佳瑞等(2015)运用环境CGE模型模拟仿真了碳交易机制的实施效果,结果表明,碳交易机制能够有效降低碳强度和能源强度,但同时对中国的经济系统产生了一定的负向冲击。

三、资源环境政策设计的研究进展

在资源环境政策设计过程中需要处理好政府与市场、政府与政府、政府与社会组织之间的关系。

资源环境政策设计中,政府在市场运作中的重要角色是诸多研究关注的焦点。市场机制是资源环境目标的基础性机制的观点是基本共识,但从更广阔的视角看,市场的规则和秩序都需要政府的管制和行政力量的约束(赵海霞等,2009)。资源环境要契合市场经济的基本要求,在选择区域经济协调发展的手段和政策时,政府应该充分发挥市场机制的作用,也要促进市场机制与政府机制的功能结合与互补,即自然秩序与人为秩序不分离(孙峥,2017;杨琦佳等,2018)。在资源环境的政策设计过程中,市场的培育和竞争机制的完善需要政府继续深化改革和创新体制:微观层面来看,需要竞争执法与私人执行相互协调;中观层面来看,要完善竞争法和公平竞争审查制度;宏观层面来看,建立全国统一、开放的竞争体系,实现整体竞争。例如,在具体做法上,为了保障商品和要素在不同区域之间自由流动性和统一的区域市场体系的建立与完善,政府应制定相关的制裁措施和政策法规,以打击分割区域市场的行为和地方保护现象。

政府与政府之间的关系主要强调了政府的政策制定职能和协调职能。省际关系的贯通是资源环境政策设计过程中的重要主题。省界是降低省区经济增长差距、实现省区协调发展的主要障碍。打破省际边界,积极协调各区域、各部门的利益关系,实现跨省区的协调发展是区域市场一体化的重要方面(杨海生等,2008;刘洁等,2013;王艳丽等,2016)。

政府与社会组织的关系主要强调了社会组织的重要性以及政府在具体社会建设领域中的作用。社会组织作为一个重要的行为主体,对政府在资源环境政策设计过程中职能发挥有限的地方进行了补充,辅助性地处理和解决资源环境政策设计中面临的社会矛盾(叶大凤等,2017)。在区域经济发展中,一些行业规范是由一些民间社会组织网络如商会、行业协会等建立的,对企业的行为进行了规范和约束。企业在这些社会组织网络中的活动可以帮助其获得信息、降低交易成本等,从而促进企业的成长。此外,社会组织有利于落后地区的区域发展。有学者从民族地区社会组织结构与区域经济发展适度性出发,指出社会组织可以为落后地区提供所需的人力资源、社会资源和公共服务。这些社会组织可以延伸政府的职能,对于落后地区居民的正当权利具有一定的维护作用(刘悦美等,2020)。

本章参考文献

Abler D. Economic evaluation of agricultural pollution control options for China [J]. Journal of Integrative Agriculture, 2015, 14(6): 1045 – 1056.

Arrow K. Economic welfare and the allocation of resources for invention[M]//The rate and direction of inventive activity: economic and social factors. Princeton: Princeton University Press, 1962: 609 – 626.

Baicker K. The spillover effects of state spending[J]. Journal of Public Economics, 2005, 89(2):529 – 544.

Baró F, Palomo I, Zulian G, et al. Mapping ecosystem service capacity, flow and demand for landscape and urban planning: a case study in the Barcelona metropolitan region[J]. Land Use Policy, 2016, 57:405 – 417.

Bergland H, Pedersen P A. Catch regulation and accident risk: the moral hazard of Fisheries' management[J]. Marine Resource Economics, 1997,12(4):281 – 292.

Castells M. Information technology, globalization and social development [C]. New York: United Nations Research Institute of Social Development,1999,114.

Costanza R, d'Arge R, de Groot R, et al. The value of the world's ecosystem services and natural capital[J]. Nature, 1997, 387:253 - 260.

Dixon J A, Howe C W. Inefficiencies in water project design and operation in the third world: an economic perspective[J]. Water Resources Research,1993, 29(7):1889 - 1894.

Dorjsuren B, Yan D, Wang H, et al. Observed trends of climate and land cover changes in Lake Baikal basin[J]. Environmental Earth Sciences, 2018, 77(20):725.

Feder G. On exports and economic growth[J]. Journal of Development Economics, 1983, 12(1 - 2): 59 - 73.

Feng Y, Yang Q, Tong X, et al. Evaluating land ecological security and examining its relationships with driving factors using GIS and generalized additive model[J]. Science of the Total Environment, 2018, 633:1469 - 1479.

Grossman G M, Krueger A B. Economic growth and the environment[J]. Quarterly Journal of Economics, 1995, 110(2): 353 - 377.

Haggett P. Locational analysis in human geography[M]. London: Edwad Arnold,1977.

Hirschman A O. Investment policies and "dualism" in underdeveloped countries[J]. American Economic Review, 1957, 47(5): 550 - 570.

Jaafari S, Sakieh Y, Shabani A A, et al. Landscape change assessment of reservation areas using remote sensing and landscape metrics (case study: Jajroud reservation, Iran)[J]. Environment, Development and Sustainability, 2016, 18(6):1701 - 1717.

Jacobs J. The economy of cities[M]. New York: Random House, 1969.

Ke S. Determinants of economic growth and spread: backwash effects in Western and Eastern China[J]. Asian Economic Journal, 2010,24(2):179 - 202.

Kneller R, Pisu M. Industrial linkages and export spillovers from FDI[J]. World Economy, 2007, 30(1): 105 - 134.

Krutilla J V. Natural environments: studies in theoretical & applied analysis[M]. Washington, D.C.: RFF Press, 2013.

LeSage J, Pace R K. Introduction to spatial econometrics[M/OL]. 1st ed., New York: Chapman and Hall/CRC, 2009.

Li D, Wu S, Liu L, et al. Vulnerability of the global terrestrial ecosystems to climate change[J]. Global Change Biology, 2018, 24(9): 4095 - 4106.

37

Li S, He F, Zhang X, et al. Evaluation of global historical land use scenarios based on regional datasets on the Qinghai-Tibet Area[J]. Science of the Total Environment, 2019, 657: 1615 - 1628.

Liu W, Chang A C, Chen W, et al. A framework for the urban eco-metabolism model: linking metabolic processes to spatial patterns[J]. Journal of Cleaner Production, 2017, 165: 168 - 176.

Long X, Ji X. Economic growth quality, environmental sustainability, and social welfare in China: provincial assessment based on Genuine Progress Indicator (GPI)[J]. Ecological Economics, 2019, 159: 157 - 176.

Maas R, Kruitwagen S, Gerwen O J. Environmental policy evaluation: experiences in the Netherlands [J]. Environmental Development, 2012,1(1):67 - 78.

Marshall A. Principles of Economics [M]. London: Macmillan, 1920.

Melly B L, Gama P T, Schael D M. Spatial patterns in small wetland systems: identifying and prioritising wetlands most at risk from environmental and anthropogenic impacts[J]. Wetlands Ecology and Management, 2018, 26(6):1001 - 1013.

Miyamoto T. Taxes versus quotas in lobbying by a polluting industry with private information on abatement costs [J]. Resource & Energy Economics, 2014, 38:141 - 167.

Niccolucci V, Bastianoni S, Tiezzi E B P, et al. How deep is the footprint? A 3D representation[J]. Ecological Modelling, 2009, 220(20):2819 - 2823.

Odum E P, Barrett G W. Fundamentals of ecology[M]. Philadelphia: Saunders, 1971.

Ojoyi M M, Antwi-Agyei P, Mutanga O, et al. An analysis of ecosystem vulnerability and management interventions in the Morogoro region landscapes, Tanzania[J]. Tropical Conservation Science, 2015, 8(3):662 - 680.

Paudyal K, Himlal B, Bhandari S P, et al. Spatial assessment of the impact of land use and land cover change on supply of ecosystem services in Phewa watershed, Nepal[J]. Ecosystem Services, 2019, 36:100895.

Porter M E. The competitive advantage of nations[M]. New York: Free Press, 1990.

Richardson H W. Growth pole spillovers: the dynamics of backwash and spread[J]. Regional Studies Regional Studies, 1976,10(1):1 - 9.

Romer P M. Endogenous technological change[J]. Journal of Political Economy, 1990, 98 (5, Part 2): S71 – S102.

Rosenthal S S, Strange W C. Evidence on the nature and sources of agglomeration economies[J]. Handbook of Regional and Urban Economics, 2004, 4: 2119 – 2171.

Taylor P J, Derudder B, Saey P, et al. Cities in globalization: practices, policies and theories[M]. London: Routledge, 2007.

Wackernagel M, Rees W. Our ecological footprint: reducing human impact on the earth [M]. Gabriola Island: New Society Publishers, 1998.

Xepapadeas A, de Zeeuw A. Environmental policy and competitiveness: the Porter hypothesis and the composition of capital[J]. Journal of Environmental Economics and Management, 1999, 37(2): 165 – 182.

Yin H, Pflugmacher D, Li A, et al. Land use and land cover change in Inner Mongolia: understanding the effects of China's re-vegetation programs[J]. Remote Sensing of Environment, 2018, 204:918 – 930.

Yu M, Yang Y, Chen F, et al. Response of agricultural multifunctionality to farmland loss under rapidly urbanizing processes in Yangtze River Delta, China[J]. Science of the Total Environment, 2019, 666:1 – 11.

Zhao J, Ji G, Tian Y, et al. Environmental vulnerability assessment for mainland China based on entropy method[J]. Ecological Indicators, 2018, 91:410 – 422.

奥斯特罗姆. 公共事务的治理之道[M]. 余逊达,陈旭东,译. 上海:上海译文出版社, 2000.

包群,彭水军. 经济增长与环境污染:基于面板数据的联立方程估计[J]. 世界经济, 2006(11):48 – 58.

陈书林,温作民. 桉树人工林不同树种土壤固碳价值评估——以广西斯道拉恩索公司两个原料林基地为例[J]. 林业经济问题,2017,37(02):35 – 38＋44＋102.

陈延斌. 民族地区社会组织结构与区域经济发展适度性研究——基于民族八省区的样本分析[J]. 西南民族大学学报(人文社科版),2020,41(03):14 – 22.

陈仲新,张新时. 中国生态系统效益的价值[J]. 科学通报,2000(01):17 – 22＋113.

成升魁,甄霖. 资源流动研究的理论框架与决策应用[J]. 资源科学,2007(03):37 – 44.

崔王平,李阳兵,李潇然.重庆市主城区景观格局演变的样带响应与驱动机制差异[J].自然资源学报,2017,32(04):553-567.

董光龙,张文信,杨忠学,等.山东省耕地后备资源宜耕性评价[J].中国农业大学学报,2018,23(8):160-170.

方创琳,王岩.中国城市脆弱性的综合测度与空间分异特征[J].地理学报,2015,70(2):234-247.

方创琳.中国城市发展格局优化的科学基础与框架体系[J].经济地理,2013,33(12):1-9.

方恺,Reinout H.自然资本核算的生态足迹三维模型研究进展[J].地理科学进展,2012,31(12):1700-1707.

高树婷,苏伟光,杨琦佳.基于DEA-Malmquist方法的中国区域排污费征管效率分析[J].中国人口·资源与环境,2014,24(2):23-29.

郭丽英,雷敏,刘晓琼.基于能值分析法的绿色GDP核算研究——以陕西省商洛市为例[J].自然资源学报,2015,30(09):1523-1533.

韩晔,周忠学.西安市绿地景观吸收雾霾生态系统服务测算及空间格局[J].地理研究,2015,34(7):1247-1258.

郝慧梅,郝永利,任志远.近20年关中地区土地利用/覆盖变化动态与格局[J].中国农业科学,2011,44(21):4525-4536.

胡翠,谢世清.中国制造业企业集聚的行业间垂直溢出效应研究[J].世界经济,2014,37(09):77-94.

胡剑锋,朱剑秋.水污染治理及其政策工具的有效性——以温州市平阳县水头制革基地为例[J].管理世界,2008(05):77-84.

江颂,蒙吉军,陈奕.黑河中游土地利用与景观格局的水文效应分析[J].中国水土保持科学,2019,17(1):64-73.

姜翠红,李广泳,程滔,等.青海湖流域生态服务价值时空格局变化及其影响因子研究[J].资源科学,2016,38(08):1572-1584.

孔凡斌,陈胜东.新时代中国实施区域协调发展战略的思考[J].企业经济,2018,37(03):17-22.

雷明.绿色投入产出核算[M].北京:北京大学出版社,2000.

李钢,董敏杰,沈可挺.强化环境管制政策对中国经济的影响——基于CGE模型的评估[J].中国工业经济,2012(11)：5-17.

李国平,王志宝.中国区域空间结构演化态势研究[J].北京大学学报：哲学社会科学版,2013,50(3)：148-157.

李哈滨,Franklin J F.景观生态学——生态学领域的新概念构架[J].生态学进展,1988,5(1):23-33.

李海玲,马蓓蓓,薛东前,等.丝路经济带背景下我国西北地区城市脆弱性的空间分异与影响因素[J].经济地理,2018,38(2):66-73.

李善同,钟思斌.我国产业关联和产业结构变化的特点分析[J].管理世界,1998,(03):61-68.

李兴江,唐志强.论区域协调发展的评价标准及实现机制[J].甘肃社会科学,2007(6):51-53.

刘洁,李文.中国环境污染与地方政府税收竞争——基于空间面板数据模型的分析[J].中国人口、资源与环境,2013,23(04):81-88.

刘研华,王宏志.中国环境规制效率的变化趋势及对策研究[J].生态经济,2009(11):172-175.

刘耀彬,王鑫磊,刘玲.基于"湖泊效应"的城市经济影响区空间分异模型及应用——以环鄱阳湖区为例[J].地理科学,2012,32(6):680-685.

刘悦美,田明.嵌入与转换：环境政策执行过程中环保社会组织的行动策略研究[J].中国行政管理,2020(07):49-55.

卢小丽,秦晓楠.沿海城市生态安全系统结构及稳定性研究[J].系统工程理论与实践,2015,35(9):2433-2441.

陆静超,姜振寰.环境政策效果与激励机制分析[J].哈尔滨工业大学学报(社会科学版),2008(4):96-103.

麦金尼斯.多中心体制与地方公共经济[M].毛寿龙,译.上海：上海三联书店,2000.

裴辉儒.资源环境价值评估与核算问题研究[D].厦门：厦门大学,2007.

彭昱.经济增长背景下的环境公共政策有效性研究——基于省际面板数据的实证分析[J].财贸经济,2013(04):16-23.

钱伯海,庞皓,郑菊生.略论国民经济统计与国民经济核算[J].统计研究,1993(06)：

41

13-16.

沈晓艳,王广洪,黄贤金.1997—2013年中国绿色GDP核算及时空格局研究[J].自然资源学报,2017,32(10):1639-1650.

时佳瑞,蔡海琳,汤铃,等.基于CGE模型的碳交易机制对中国经济环境影响研究[J].中国管理科学,2015(sl)：801-806.

宋冬林,赵新宇.不可再生资源生产外部性的内部化问题研究——兼论资源税改革的经济学分析[J].财经问题研究,2006(01):28-32.

宋国君,金书秦,冯时.论环境政策评估的一般模式[J].环境污染与防治,2011,33(05):100-106.

宋国君,马中,姜妮.环境政策评估及对中国环境保护的意义[J].环境保护,2003(12):34-37.

孙晋,钟原.中国区域协调发展战略的理论逻辑与法治保障——基于政府和市场的二元视角[J].江西社会科学,2019,39(04):145-154+256.

孙久文,年猛.中国国土开发空间格局的演变研究[J].南京社会科学,2011(11):8-14.

孙峥.基于市场机制的环境政策浅析——以碳交易、环境税和碳税为例[J].中国经贸导刊(理论版),2017(29):33-35.

汤放华,汤慧,孙倩,等.长江中游城市集群经济网络结构分析[J].地理学报,2013,68(10):1357-1366.

滕丽,蔡砥,吕拉昌.经济一体化背景下的区域溢出分析[J].人文地理,2010,25(02):116-119.

惕腾伯格.环境经济学与政策[M].朱启贵,译.上海:上海财经大学出版社,2003.

童锦治,沈奕星.基于CGE模型的环境税优惠政策的环保效应分析[J].当代财经,2011(5):33-40.

王成,王茂军.山东省城市关联网络演化特征——基于"中心地"和"流空间"理论的对比[J].地理研究,2017,36(11):2197-2212.

王广成.基于绿色核算的矿产资源定价方法研究[J].中国煤炭经济学院学报,2001(01):48-52.

王红梅.中国环境规制政策工具的比较与选择——基于贝叶斯模型平均(BMA)方法的

实证研究[J].中国人口·资源与环境,2016,26(9):132-138.

王立彦,阴小沛.建立"环境—经济"相关联核算模式[J].环境保护,1992(10):28-30+46.

王少剑,王洋,赵亚博.1990年来广东区域发展的空间溢出效应及驱动因素[J].地理学报,2015,70(06):965-979.

王淑芳,葛岳静,胡志丁,等."流空间"视角下地缘经济自循环生态圈构建的理论探讨[J].世界地理研究,2019,28(02):88-95.

王伟.常州地区耕地利用空间分异及影响因素分析[J].中国农业资源与区划,2019,40(2):94-99.

王艳丽,钟奥.地方政府竞争、环境规制与高耗能产业转移——基于"逐底竞争"和"污染避难所"假说的联合检验[J].山西财经大学学报,2016,38(08):46-54.

魏冶.流空间视角的沈阳市空间结构研究[M].长春:东北师范大学出版社,2013.

夏德孝,张道宏.区域协调发展理论的研究综述[J].生产力研究,2008(1):144-147.

谢晓波.地方政府竞争与区域经济协调发展的博弈分析[J].社会科学战线,2004(4):100-104.

徐现祥,李郇.市场一体化与区域协调发展[J].经济研究,2005(12):57-67.

徐中民,张志强,程国栋.可持续发展定量研究的几种新方法评介[J].中国人口·资源与环境,2000(02):61-65.

许和连,栾永玉.出口贸易的技术外溢效应:基于三部门模型的实证研究[J].数量经济技术经济研究,2005(09):104-112.

杨海生,陈少凌,周永章.地方政府竞争与环境政策——来自中国省份数据的证据[J].南方经济,2008(06):15-30.

杨琦佳,龙凤,高树婷,等.关于推进我国环境保护市场机制的思考[J].环境保护,2018,46(07):49-51.

叶大凤,马云丽.社会组织在环境政策制定中的作用探讨[J].管理观察,2017(15):135-137.

叶祥松,彭良燕.中国环境规制的规制效率研究——基于1999—2008年中国省际面板数据[J].经济学家,2011(6):81-86.

游珍,蒋庆丰.长江经济带生态网络体系及管理模式的构建[J].南通大学学报(社会科学版),2018,34(3):37-44.

张可,马成文,丰景春,等.基于离散灰色模型的农村水环境政策减排效应及其空间分异性研究[J].中国管理科学,2017,25(5):157-166.

张雷,杨波.中国资源环境基础的空间结构特征分析[J].地理研究,2018,37(8):13-22.

张丽琴,渠丽萍,吕春艳,等.基于空间格局视角的武汉市土地生态系统服务价值研究[J].长江流域资源与环境,2018,27(9):1988-1997.

张晓瑞,贺岩丹,方创琳,等.城市生态环境脆弱性的测度分区与调控[J].中国环境科学,2015,35(7):2200-2208.

张新林,赵媛.基于空间视角的资源流动内涵与构成要素的再思考[J].自然资源学报,2016(10):1611-1623.

张友国.碳强度与总量约束的效果比较:基于CGE模型的分析[J].世界经济,2013(7):138-160.

张志明,孙长青,欧晓昆.退耕还林政策对山地植被空间格局变化的驱动分析[J].山地学报,2009,27(5):513-523.

章铮.环境与自然资源经济学[J].环境保护,1997(09):36-39.

赵海霞,曲福田,诸培新,等.转型期的资源与环境管理:基于市场—政府—社会三角制衡的分析[J].长江流域资源与环境,2009,18(03):211-216.

赵家章.社会资本、贸易与中国区域协调发展:理论分析及战略思考[J].经济社会体制比较,2014(5):187-194.

赵景柱,肖寒,吴刚.生态系统服务的物质量与价值量评价方法的比较分析[J].应用生态学报,2000(02):290-292.

钟禾.正视存在差距促进区域经济协调发展[J].经济研究参考,2004(58):2-15.

邹武鹰,许和连,赖明勇.出口贸易的后向链接溢出效应——基于中国制造业数据的实证研究[J].数量经济技术经济研究,2007(07):25-34.

第二章
资源环境价值核算模型与案例

第一节　资源环境价值核算分析框架

一、资源环境价值的内涵

　　资源环境价值的核算起源于马克思主义的资源价值论,后发展成西方的资源环境价值核算体系。早在 19 世纪 40 年代,马克思就在《资本论》中对资源"有价与否"进行了深入的探讨,并创立了"地租理论"。他认为,资源不仅具有所有权,还有耗竭性特征。劣等资源的所有者因出让资源而得到一笔放弃资源未来所有权的收益,这笔收益也被称为"绝对地租"。由于优等、中等资源的相对稀缺性和资源所有权的存在,开采者在取得开采优等、中等资源的权利时,必须把级差收益缴纳给资源的所有者,这被称为资源的"级差地租"。资源的净价值就等于资源"绝对地租"与"级差地租"之和,这就是对于资源价值核算的最初探讨。

　　从经济学的角度来看,资源环境指人类在其所有活动中都完全依赖的自然产生的周围物质事物和环境服务。资源与环境之间的区别在很大程度上是功能性的,而不是对特定的自然物质实体的区分。按照功能进行划分,资源环境主要包括自然资源存量、土地和生态系统。并不是所有的资源环境都要纳入价值评估体系，而是重点要包括为人类生产和生活活动提供各类服务的资产。作为一种资产的资源—环境系统的经济价值，可以定义为其提供所有服务的价值贴现。因此，带来某种服务的任何公共政策的效益应等于该服务的价值贴现和增加值。但是该政策也可能会带来成本，致使其他服务减少。资源环境是一种为企业生产、家庭消费和生活提供自然资源和生态服务的资产，其价值的评估属于对资产的评估范畴。因此，对资源环境经济价值的估算主要也可以分为对其存量和流量的估价。

从资源环境经济核算角度看，构成核算基础的主要部分是国内生产总值核算、投入产出核算、资产负债核算。当前最主要的方法就是投入产出和账户核算，但投入产出只能横向计算资源环境的存量价值，而随着社会对资源环境利用的多样化需求，在资源环境管理过程中使用单一的方法已经难以破解当前困境，只有多样化的综合模型才能提供更为精准的流量价值核算，因此动态模型逐渐成为资源环境核算领域的主流。

二、资源环境价值的特征

(一) 外部性

资源环境一般属于公共物品，其外部性往往作用于社会。人们对自然资源价值的认识水平、对环境保护的关心和重视程度，与经济社会发展水平和人们的自身素质、社会氛围、受教育程度、社会制度以及对资源环境的评估体系等因素有着密切关系，本书将在相关部分对其外部性做详细分析。

(二) 动态性

技术进步和经济高速增长使人们对自然资源的需求不断增加，自然资源的功能也日渐丰富，单位自然资源的价值不断上升，资源环境的可持续发展价值被逐步放大。因此，在资源环境价值评估中，不仅要根据当期生产或收入对资源环境产生的影响进行调整，还要将当期产生污染物但到后期才显现的影响和效果包含进来。在一个时期发生但没有被自然过程或人为过程所治理的污染物会转到下一个时期,这种积累称为环境负债。尽管环境负债是一个存量价值,而不是流量,但我们有可能利用现今的动态化方法在时间上追踪它,考察在一定时间内有多少环境负债得到了抵消,同时又新增了多少环境负债。

(三) 多样性

资源环境除了具有显而易见的经济价值,其功能和用途的多样性决定了它还具有生态价值和社会价值。而生态价值、社会价值等不能用简单的方法进行货币化计量,同一种资源环境的价值可能在不同的状态下存在天壤之别。并且由于不同区域的资源环境具有显著差异,不同的地形、地貌和地质特征致使自然资源在不同的地区具有不同的丰度。即使相同的资源环境在不同区域也具有不同的可利用方式、程度和环境效应,因而其价值的衡量也可以十分多样化。

三、资源环境价值核算的框架解析

针对资源环境价值的核算主要分为三个方面,分别是静态价值、动态价值和生态服务价值(如图 2.1)。其中对其存量的价值评估起源于马克思的地租理论,里昂惕夫在此基础上创造出具有普遍适用性的投入产出模型,并用其计算资源环境的截面价值,现在该方法已成为应用广泛的主流方法。对其流量的价值评估在外部性理论的基础上,又出现了更为综合与精准的评估模型,包括周期波动、指标预测与混沌模型等。对其服务功能的价值评估,则是在产品供给理论基础上,把资源环境看成一种产品,按照供给服务、调节服务、文化服务与支持服务四个类别,对其生态系统服务价值进行估算。虽然资源环境价值核算在西方的价值核算体系中得到快速的发展,但仍然需要与时代特征相结合,具体问题具体分析。

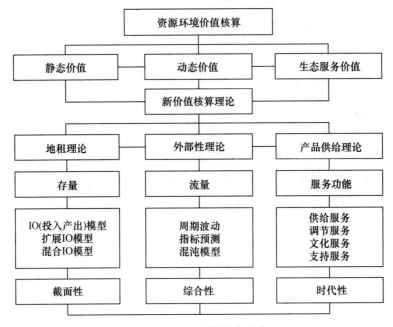

图 2.1　价值核算技术路线

第二节　资源环境静态核算模型与案例

在人们对资源环境进行经济核算之初,美国经济学家里昂惕夫发表在《经济与统计评论》上的论文《美国经济制度中的投入产出数量关系》是重要标志(Leontief,1936)。他提出了投入产出表的编制方法和分析原理,由此拉开了资源环境静态核算领域的序幕,并且其研究成果一直作为核算资源环境截面价值的主流方法而经久不衰。本节在此基础上按照"投入产出模型—资源环境扩展投入产出模型—实物与价值混合投入产出模型"这一递进层次分三小节进行介绍。

一、投入产出模型与案例

(一) 模型分类与梳理

投入产出分析思想是用古典学派的一般均衡理论,针对错综复杂的经济活动在数量上的相互依赖关系进行研究。里昂惕夫提出的投入产出表的特点是,以棋盘式平衡表记录一个复杂经济系统中各个部门之间投入产出的相互依赖关系,并将这种复杂的经济关系纳入数学模型中,以体现瓦尔拉斯一般均衡,实现经济内涵与数学模型之间的巧妙结合。人们一般将其称为投入产出模型,简称为 IO(Input-Output)模型。投入产出分析是研究经济系统各要素间相互联系的数量分析方法。所谓投入,是指产品生产过程中所消耗的各种投入要素,如原材料、燃料、劳动力等;所谓产出,是指产品产出后分配使用去向。

自 20 世纪 80 年代以来,西方学者为了研究经济发展与环境保护的关系将投入产出分析方法应用到环境保护领域,建立了一系列包括资源环境内容的投入产出模型。美国、日本、西欧等发达国家和地区都应用了这些模型,在解决经济与环境综合平衡问题上取得了一些进展。

(二) 模型介绍

投入产出表描述的对象是一个相对独立的经济系统在一定时期内所发生的投入产出关系。该表的行表示产出,即经济系统各部门的产出及分配使用情况,又可将其分为中间产品和最终产品。中间产品表示在确定时间内被生产过程消耗使用的产品,最终产品表示本期不再返回生产过程的产品。列表示投入,即各部门生产活动的投入及其来源,它根据价值转移的差别分为中间投入和初始投入。进行投入产出分析必须首先从投入产出表入手(如表 2.1 所示)。

表 2.1　投入产出表

	中间产品 $j=1,2,3,\cdots,n$	最终产品	总产出
中间投入 $i=1,2,3,\cdots,n$	X_{ij}(第一象限)	Y_i(第二象限)	X_i
初始投入	N_j(第三象限)		
总投入	X_j		

投入产出表由三个象限构成,其中,第一象限反映货物和服务在部门间的流量;第二象限是第一象限在行上的延伸,表示第 i 个部门产品作为最终产品的数量。它是经济运行的动力来源,为外生变量,其数值取决于系统外的因素。第一象限与第二象限之和就是总产出。第三象限为第一象限在列上的延伸,表示第 j 个部门的初始投入,第二象限通过第一象限决定第三象限,所以,第三象限为内生变量。中间投入与初始投入合计为总投入。这样总产出与总投入的平衡关系就通过上述表格体现出来。

投入产出分析在经济研究和管理工作中应用相当广泛。按照不同的研究主体、研究背景、研究任务,可以表现为各式各样的投入产出模型。根据编表计量单位不同,投入产出表分为实物表、价值表和混合表。实物表以实物计量单位来反映各种产品的数量,其缺点在于无法列向量求和,其价值很难货币化。资源环境大多数都以实物形式计量,上述缺陷同样困扰着资源环境价值的评价。价值表以货币为计量单位,其总和往往受到各统计量的不同因素的影响。混合表兼顾了上述两个表的特性,在分析资源环境问题与经济的相互关系中有更为广泛的应用。只要经济系统具有相对独立性,就可以编制投入产出表,所以投入产出表可以在不同层次上编制。

在行方向上,投入产出表的基本平衡关系是:

$$\sum_{j=1}^{n} X_{ij} + Y_i = X_i, \quad i=1,2,\cdots,n \qquad (2.2.1)$$

引入直接消耗系数后,平衡关系表示为:

$$\sum_{j=1}^{n} \alpha_{ij} X_j + Y_i = X_i, \quad i=1,2,\cdots,n \qquad (2.2.2)$$

直接消耗系数的一般定义为：

$$\alpha_{ij} = \frac{X_{ij}}{X_j} \quad 且 \quad 0 \leqslant \alpha_{ij} < 1 \qquad (2.2.3)$$

其中，X_{ij} 为第 j 部门在生产过程中对第 i 部门产品的消耗量，X_j 为第 j 部门总产出。α_{ij} 表示的是第 j 部门生产单位产品对第 i 部门产品的消耗量，它反映两个部门之间的直接依存关系。$n \times n$ 个 α_{ij} 构成的矩阵被称为直接消耗系数矩阵，记为 A。由于产品的价值是中间投入与初始投入之和，所以在单位产品价值中，直接消耗系数（也称中间投入系数）加初始投入系数应该等于 1。$0 \leqslant \alpha_{ij} < 1$ 且 $\sum_{i=1}^{n} \alpha_{ij} + n_j = 1$（其中 $n_j = \frac{N_j}{X_j}$ 表示初始投入所占的比重或初始投入系数）表明 A 是一个非负矩阵。

由直接消耗系数矩阵可以导出既包含直接消耗又包含间接消耗的完全消耗系数矩阵 B：

$$B = A + A^2 + A^3 + \cdots = (I-A)^{-1} - I^{①} \qquad (2.2.4)$$

$(I-A)^{-1}$ 矩阵可以看作反映国民经济中技术结构的矩阵，且 $(I-A)^{-1} > 0$。每一列的合计数就是某部门增加单位需求所驱动的所有部门的总产出之和。由上述关系进一步导出完全需求系数矩阵 L，即里昂惕夫逆矩阵，其中的元素 l_{ij} 表示对部门 j 增加单位需求驱动的部门 i 的总产出增长量：

$$L = B + I = (I-A)^{-1} \qquad (2.2.5)$$

引入直接消耗系数的平衡关系式，式（2.2.5）可以用矩阵表示为

$$AX + Y = X \qquad (2.2.6)$$

整理式（2.2.6）得

$$X = (I-A)^{-1}Y \qquad (2.2.7)$$

上述模型就是投入产出分析的行模型，从行模型中可以看出外生的消费、投资、净出口等最终需求由生产体系中经济结构所决定的中间生产过程来决定，外生变量和内生变量由直接消耗系数矩阵的乘数矩阵决定。因此，行模型反映了最终需求拉动总产出的经济机制，简称为需求拉动模型。与此对

———————————
① I 为单位矩阵。

应,必然有供给拉动模型,主要表现在列方向。其在投入产出表的基本平衡关系是:

$$\sum_{i=1}^{n} X_{ij} + N_j = X_j, \quad j = 1, 2, \cdots, n \qquad (2.2.8)$$

列模型反映了最终供给拉动总产出的经济运行机制,又被称为供给驱动模型。根据投入产出表的数量关系,得到水平方向的数量关系为:中间产品+最终产品=总产品。垂直方向的数量关系为:中间投入+初始投入=总投入。

由于资源投入和废弃物的排放规模总量与总产出规模关系密切,该模型的分析框架非常适合分析经济活动对资源环境的影响。具体做法是首先由需求拉动模型确定总产出,然后将各部门总产出乘以各部门的直接资源投入系数或废弃物排放系数,获得最终需求变动对资源环境的影响量。其结果也具有一般均衡的意义,属于完全度量。而由于投入产出模型是对经济现象的抽象分析,因此只能反映经济客体的主要特征。为此在建模时有"纯"部门假定、直接消耗系数稳定假定和比例性假定等假设前提。

最终需求是投入产出模型的外生变量,取决于经济政策的变动、重大事件的发生和社会经济情况的变化。

需求拉动模型的动态化模型是:

$$\Delta X = (I - A)^{-1} \Delta Y \qquad (2.2.9)$$

ΔX 和 ΔY 分别表示总产出和最终需求的变化量,在比例性假定下,该模型是行模型的一种等价形式。

(三) 模型应用案例

本节基于以下模拟数据及其适当改动来说明投入产出的基础计算,如表 2.2 所示。

表 2.2　投入产出表　　　　　　　　　　　　　单位：百万美元

		中间部门			最终需求		总产出
		农业	制造业	服务业	日用	出口	
中间部门	农业	0	400	0	500	100	1 000
	制造业	350	0	150	800	700	2 000
	服务业	100	200	0	300	0	600
初始投入	进口	250	600	50			
	工资	200	500	300			
总投入	其他附加值	100	300	100			
	总投入	1 000	2 000	600			

对于一个有三部门的经济体，可以写出三个式子：

$$X_1 = l_{11}Y_1 + l_{12}Y_2 + l_{13}Y_3$$
$$X_2 = l_{21}Y_1 + l_{22}Y_2 + l_{23}Y_3$$
$$X_3 = l_{31}Y_1 + l_{32}Y_2 + l_{33}Y_3 \tag{2.2.10}$$

然后根据式(2.2.3)可以计算矩阵的元素(直接消耗系数)

$$\alpha_{11} = 0; \quad \alpha_{12} = \frac{400}{2\,000} = 0.2; \quad \alpha_{13} = 0$$

$$\alpha_{21} = \frac{350}{1\,000} = 0.35; \quad \alpha_{22} = 0; \quad \alpha_{23} = \frac{150}{600} = 0.25$$

$$\alpha_{31} = \frac{100}{1\,000} = 0.1; \quad \alpha_{32} = \frac{200}{2\,000} = 0.1; \quad \alpha_{33} = 0 \tag{2.2.11}$$

因此，

$$A = \begin{bmatrix} 0 & 0.2 & 0 \\ 0.35 & 0 & 0.25 \\ 0.1 & 0.1 & 0 \end{bmatrix}, \tag{2.2.12}$$

$$I - A = \begin{bmatrix} 1.0 & -0.2 & 0 \\ -0.35 & 1.0 & -0.25 \\ -0.1 & -0.1 & 1.0 \end{bmatrix} \tag{2.2.13}$$

于是，

$$L = (I-A)^{-1} = \begin{bmatrix} 1.083\,3 & 0.222\,2 & 0.055\,6 \\ 0.416\,7 & 1.111\,1 & 0.277\,8 \\ 0.150\,0 & 0.133\,3 & 1.033\,3 \end{bmatrix} \tag{2.2.14}$$

再代回式(2.2.10)，

$$X = \begin{bmatrix} X_1 \\ X_2 \\ X_3 \end{bmatrix} = \begin{bmatrix} 1.0833 & 0.2222 & 0.0556 \\ 0.4167 & 1.1111 & 0.2778 \\ 0.1500 & 0.1333 & 1.0333 \end{bmatrix} \begin{bmatrix} Y_1 \\ Y_2 \\ Y_3 \end{bmatrix} \quad (2.2.15)$$

若 Y_i 用表中的最终需求水平代替则可以得出：农业 $Y_1 = 600$；制造业 $Y_2 = 1500$；服务业 $Y_3 = 300$。得到的总产出水平为：农业 $X_1 = 999.96$；制造业 $X_2 = 2000.01$；服务业 $X_3 = 599.94$。如果需求量发生变化，使三个部门的出口需求量分别达到 200、1000、100，则 Y_1、Y_2、Y_3 分别为 700、1800、400。那么，三部门 X_1、X_2、X_3 的变化为 1180.51、2402.79、758.26。

二、资源环境扩展投入产出模型与案例

（一）模型分类与梳理

在一个经济体系中，资源环境的价值通过经济系统与自然系统之间的物质流、资源部门和污染治理部门的生产活动体现出来。因此，包括资源环境因素的核算也可以通过两种方式表现出来。第一种是主要考虑资源环境的扩展，也即资源—经济—环境的物质循环流，本节将着重从这一切入点进行论述。

（二）模型介绍

首先从高敏雪(2000)的核算表入手展开分析，其具体表现如表2.3。

表 2.3 资源环境投入产出表

		中间产品	最终需求	总产品
		$1,2,\cdots,n$	最终需求	总产品
中间产品	$1,2,\cdots,n$	中间流量产品(X_{ij})	最终产品(Y_i)	总产品(X_i)
初始投入		初始投入(Y_j)		
总投入		总投入(X_j)		
资源投入	$1,2,\cdots,m$	各部门各类资源投入量(R_{kj})	最终需求领域的各类资源投入量(R_{ky})	资源投入总量(R_k)

（续表）

污染物排放	$1,2,\cdots,m$	各部门各类污染物排放量（P_{kj}）	最终需求领域的各类污染物排放量（P_{ky}）	污染物排放总量（P_k）
资源环境改善	$1,2,\cdots,m$	各部门治理各类资源环境的中间消耗（M_{kj}）	改善资源环境产生的最终产品（M_{ky}）	经过改善的资源环境总产品（M_k）

R_{kj} 表示在第 j 部门的生产过程中第 k 类资源的投入量，但是采掘业本身消耗的资源应作为中间消耗处理。R_{ky} 表示最终需求领域所产生的对第 k 类资源的利用量，反映的是居民活动对资源的需求量。R_k 表示第 k 类资源的总投入量，反映由自然系统流入经济系统的资源的物质总量。P_{kj} 表示在第 j 部门的生产过程中所排放的第 k 类废弃物的数量；P_{ky} 表示最终需求领域中产生的第 k 类废弃物的数量；P_k 表示第 k 类废弃物的排放总量。M_{kj} 表示在第 j 部门的生产过程中，生产之外对第 k 类资源环境改善所需的物品消耗量；M_{ky} 表示最终需求领域中对第 k 类资源环境改善后的物品数量；M_k 表示对第 k 类资源环境改善后的物品总量。根据投入产出分析，引入资源投入矩阵的平衡关系：

$$\sum_{j=1}^{n} R_{kj} + R_{ky} = R_k \qquad (2.2.16)$$

引入资源消耗系数得：$d_{kj} = \dfrac{R_{kj}}{X_j}$，也即：

$$\sum_{j=1}^{n} d_{kj} X_j + R_{ky} = R_k \qquad (2.2.17)$$

用矩阵表示为：

$$DX + R_y = R \qquad (2.2.18)$$

由于已知 $X = (I-A)^{-1}Y$，则式（2.2.18）变换为：

$$D(I-A)^{-1}Y + R_y = R \qquad (2.2.19)$$

由于 DX 表示生产过程中各类资源的投入量，所以可以得到第一个资源投入产出模型：

$$R_P = D(I-A)^{-1}Y \qquad (2.2.20)$$

R_P 表示由最终需求驱动的各部门在生产过程中对各类资源的消耗量。在动

态化情况下,式(2.2.20)变为

$$\Delta R_P = D(I-A)^{-1}\Delta Y \qquad (2.2.21)$$

由式(2.2.20)和式(2.2.21)就可以分析最终需求的变化对生产系统资源投入的影响。除了生产系统,居民对资源的日常需求也应该包含进来,所以,还需要建立全面反映整个经济系统对资源的需求的模型。Herendeen 提出了内涵逆价格的概念,其定义为:

$$q_{ky} = \frac{R_{ky}}{Y_k} \qquad (2.2.22)$$

q_{ky} 的分子为最终需求领域第 k 类资源投入实物量,分母为第 k 类资源生产供应部门最终产品的货币价值。从公式形式来看,它表示第 k 类资源价格的倒数,故称为内涵逆价格。利用内涵逆价格可以推出最终需求领域的资源投入量,即:

$$R_{ky} = q_{ky}Y_k \qquad (2.2.23)$$

写成矩阵形式为:

$$R_y = \hat{Q}Y \qquad (2.2.24)$$

将式(2.2.24)代入式(2.2.19)可得:

$$R = [D(I-A)^{-1} + \hat{Q}]Y \qquad (2.2.25)$$

则其动态化模型为:

$$\Delta R = [D(I-A)^{-1} + \hat{Q}]\Delta Y \qquad (2.2.26)$$

该模型反映了最终需求对整个经济系统资源投入量的影响,要完全把握这个影响还需要分析其完全消耗系数,由于式(2.2.20)和式(2.2.25)分别反映最终产品需求与生产系统资源需求总量、最终产品需求与资源需求总量的关系,由此可以导出 Y 与 R_P、Y 与 R 之间的完全资源需求系数矩阵。其中,生产系统完全资源需求系数为:

$$\hat{D}_p = D(I-A)^{-1} \qquad (2.2.27)$$

完全资源需求系数为:

$$\hat{D} = D(I-A)^{-1} + \hat{Q} \qquad (2.2.28)$$

$\hat{D}_p$ 和 $\hat{D}$ 均为 $m\times n$ 的矩阵，$\hat{D}_p$ 中第 kj 元素表示由部门 j 增加单位需求驱动的各生产部门对第 k 类资源消耗量的增量，$\hat{D}$ 中第 kj 元素表示为获得第 j 部门单位最终需求对第 k 类资源的消耗。目前常用的系数是 $\hat{D}_p$。

上述模型只解决了资源投入问题，接下来还要分析环境投入模型。在该模型中主要分析经济活动与污染排放的关系。根据与资源投入相同的分析原理，首先建立环境扩展投入产出核算模型：

$$P = E (I - A)^{-1} Y \qquad (2.2.29)$$

其中，P 为污染排放总量列向量；E 为 $m\times n$ 的直接排放系数矩阵，其中第 kj 个元素表示第 j 部门单位产值所产生的第 k 类污染物数量，等于 P_{kj}/X_j，由技术因素确定，是一个反映一部门对该排放物强度的固定系数，而这时的 Y 为初始投入成本。在投入产出模型中，e_{kj} 和 X_j 决定 P_{kj}，$(I-A)^{-1}$ 为乘数矩阵，反映最终产品 Y 与总产品 X 的比例关系。由于 E 和 A 为固定系数，所以可以得到动态模型：

$$\Delta P = E (I - A)^{-1} \Delta Y \qquad (2.2.30)$$

利用式(2.2.29)和式(2.2.30)就可以获得最终需求及其变动对生产系统废弃物排放的影响。进一步由这两个公式可以得到完全排放系数：

$$\bar{E} = E (I - A)^{-1} \qquad (2.2.31)$$

由于废弃物是生产活动的副产品，不能作为消耗部门内部的产品，因此在列向量中，就没有任何元素与废弃物之间的关系，这使得废弃物在本部门的更新和回收利用需另立核算标准。所以，任何部门的最终需求都不能解释为废弃物排放的价值，只能建立最终需求对生产系统排放的关系，得到生产完全排放系数。相应的技术进步对环境的改善也可以通过上述原理体现。

（三）模型应用案例

仍以表 2.2 为例，假设三部门的用油量已知，若假定用油量所代表的能量度量单位为 10^{15} 焦耳，用 PJ 表示，其中农业为 50，制造业为 400，服务业为 60。

用 Q_i 表示行业 i 的用油量，根据式(2.2.24)，农业 $R_1 = \hat{Q}\times 50$，$\hat{Q}$ 可由式

(2.2.19)与式(2.2.25)联立解得；制造业 $R_2=0.2$；服务业 $R_3=0.1$。如果最终需求改变如下：$\Delta Y_1=100$；$\Delta Y_2=300$；$\Delta Y_3=100$，那么这意味着 $\Delta X_1=185.51$；$\Delta X_2=402.79$；$\Delta X_3=15.83$。总用油量从 510 PJ 增加到 615.42 PJ。

接下来继续以表 2.2 为例分析环境扩展投入产出模型。假设三部门环境初始投入成本系数分别为农业 0.55，制造业 0.7，服务业 0.75：

$$L=\begin{bmatrix} 1.0833 & 0.2222 & 0.0556 \\ 0.4167 & 1.1111 & 0.2778 \\ 0.1500 & 0.1333 & 1.0333 \end{bmatrix} \quad (2.2.32)$$

如果在上述用油量既定的情况下，使用 1 PJ 的油料排放了 73 200 吨的二氧化碳（CO_2），那么这意味着每个部门的 CO_2 排放量（以千吨 $=10^3$ 吨为单位）：农业为 3 660，制造业为 29 280，服务业为 4 392。假设每吨 CO_2 征收碳税 20 美元，则根据表 2.2 可得

$$\Delta Y_1=0.0067；\quad \Delta Y_2=0.2265；\quad \Delta Y_3=0.1277 \quad (2.2.33)$$

三、实物与价值混合投入产出模型与案例

（一）模型分类与梳理

资源环境扩展投入产出模型依然存在一些自身无法克服的缺陷。例如，对生产环节的资源消耗只做了简单的区分，还无法回答是否从总量上增减资源的问题，也无法分析由于环境改善而形成的增值。另外，该模型没有完全将生产对资源投入的消耗、技术手段对资源环境的改善、回收利用对资源环境的贡献价值进行区分。因此，本节将研究方向转向更加系统的混合模型。

（二）模型介绍

实物与价值混合投入产出模型将部门分为一般部门和资源部门，模型用实物量代替资源部门所涉及的各种价值流并做了进一步分析。由于同时存在货币和实物单位两种计量，该模型又被称为混合模型。其基本投入产出表如表 2.4 所示。

该模型混合了价值和实物单位,所以其直接消耗系数也是混合计量的矩阵,这就需要一个统一的计量单位,一般用标准煤(Standard Coal,简称 SC)作为标准单位。从理论上讲,资源部门应该包括生产供应部门和资源回收部门,但就目前实际状况而言,后者还不具备规模,因此,现在可以忽略不计。当该部门规模不断扩大且达到一定的统计标准时,就应该将其纳入投入产出核算体系中来。因此,当前的投入产出分析主要是针对资源生产供应部门而言。

逐行来看表 2.4。X_{ij}^X 表示第 j 个一般部门在生产过程中消耗的第 i 个一般部门产品的数量;X_{il}^R 表示第 l 个资源部门在生产过程中投入的第 i 个资源部门产品的数量;X_{il}^P 表示第 l 个资源部门在生产过程中消耗的第 i 个一般部门产品的数量;Y_i 表示第 i 个一般部门产品的最终需求;X_i 表示第 i 个一般部门的总产出。R_{kj}^X、R_{kl}^R 分别表示第 j 个一般部门和第 l 个资源部门在生产过程中对第 k 类资源的消耗量。R_{ky}、R_k 分别表示对第 k 类资源的最终需求和生产总量,主要以实物计量。若一个经济体中共有 n 个一般部门和 m 个资源部门,则可以形成 $n\times n$ 维一般部门对一般部门消耗矩阵、$n\times m$ 维资源部门对一般部门消耗矩阵、$m\times n$ 维一般部门对资源部门消耗矩阵、$m\times m$ 维资源部门对资源部门消耗矩阵四个矩阵。四个矩阵又共同构成 $(n+m)(n+m)$ 维的中间流量矩阵。在同等假设条件下,一般部门和资源回收部门之间也同样构成 $(n+m)(n+m)$ 维的中间流量矩阵。在表 2.4 中,V_j 表示第 j 个一般部门在生产过程中的最初投入,V_l 表示第 l 个资源部门在生产过程中的最初投入。

表 2.4　资源环境投入产出表

		一般部门 $1,2,\cdots,n$	资源部门 $1,2,\cdots,m$	资源回收部门 $1,2,\cdots,m$	最终需求	总产品
一般部门	$1,2,\cdots,n$	一般部门之间的物质流量(X_{ij}^X)	资源部门中间投入(X_{il}^R)	资源回收部门中间投入(X_{il}^P)	最终产品(Y_i)	总产品(X_i)

（续表）

		一般部门 $1,2,\cdots,n$	资源部门 $1,2,\cdots,m$	资源回收部门 $1,2,\cdots,m$	最终需求	总产品
资源部门	$1,2,\cdots,m$	一般部门资源投入量(R_{kj}^X)	资源部门资源投入量(R_{kl}^R)		最终需求领域的资源投入量(R_{ky})	资源投入总量(R_k)
最初投入		V_j	V_l			
总投入、资源总投入		X_j	R_l			
污染部门	$1,2,\cdots,m$	一般部门废弃物排放量(P_{kj}^X)		资源回收部门废弃物排放量(P_{kl}^P)	最终需求领域废弃物排放量(P_{ky})	废弃物排放总量(P_k)
最初投入		V_j		V_l		
总投入、残余物总消除		X_j		S_l		

P_{kj}^X 表示第 j 个一般部门对第 k 类废弃物的排放量，P_{kl}^P 表示第 l 类废弃物的消除部门在消除废弃物的过程中对第 k 类废弃物的排放量。P_{ky} 表示最终需求领域中第 k 类废弃物的排放量。P_k 表示第 k 类废弃物的排放总量。S_l 为第 l 类废弃物的消除部门所消除的第 l 类废弃物数量。

如果资源环境分类一致,投入产出的表 2.1 和表 2.3 的资源环境部门所在行的数据是一致的。

引入实物量的混合模型的投入产出表与一般投入产出表在形式上是一致的,但在内容上有了些许变化。首先,表中的中间流量矩阵的一部分由实物量代替了价值量。其次,总产出、总投入和总需求的部分因素也采用了实物单位测度。这样只能将行向量求和,列向量则无法求总和,只能在一般部门、资源部门和资源回收部门内部求和。

根据表 2.4 得到的平衡关系为：

$$\sum_{j=1}^{n} X_{ij}^X + \sum_{l=1}^{m} X_{il}^R + \sum_{l=1}^{m} X_{il}^P + Y_i = X_i \qquad (2.2.34)$$

$$\sum_{j=1}^{n} R_{kj}^X + \sum_{l=1}^{m} R_{kl}^R + R_{ky} = R_k \qquad (2.2.35)$$

$$\sum_{j=1}^{n} P_{kj}^{X} + \sum_{l=1}^{m} P_{kl}^{P} + P_{ky} = P_{k} \qquad (2.2.36)$$

分别引入一般部门、资源部门和资源回收部门的直接消耗系数,分别为

$$\alpha_{ij}^{X} = \frac{X_{ij}^{X}}{X_{j}}; \quad \alpha_{il}^{R} = \frac{X_{il}^{R}}{R_{l}}; \quad \alpha_{il}^{P} = \frac{X_{il}^{P}}{S_{l}}$$

$$d_{kj}^{X} = \frac{R_{kj}^{X}}{X_{j}}; \quad d_{kl}^{R} = \frac{R_{kl}^{R}}{R_{l}}; \quad e_{kj}^{X} = \frac{P_{kj}^{X}}{X_{j}}; \quad e_{kl}^{R} = \frac{P_{kl}^{P}}{S_{l}} \qquad (2.2.37)$$

其中 α_{ij}^{X} 表示第 j 个一般部门单位产品所消耗的第 i 个一般部门的产值;α_{il}^{R} 表示第 l 个资源部门单位产品所消耗的第 i 个一般部门的产值,其单位为标准煤/货币单位;α_{il}^{P} 表示消除第 l 类单位废弃物所消耗的第 i 产品的数量;d_{kj}^{X} 表示第 j 个一般部门单位产品所消耗的第 k 类资源数量,其单位为标准煤/货币单位;d_{kl}^{R} 表示第 l 个资源部门单位产品所消耗的第 k 类资源数量,其单位为标准煤/货币单位;e_{kj}^{X} 表示第 j 个一般部门单位产品所产生的第 k 类废弃物的数量;e_{kl}^{R} 表示消除第 l 类废弃物所产生的第 k 类废弃物的数量。将系数代入式(2.2.34)、式(2.2.35)、式(2.2.36),可得:

$$\sum_{j=1}^{n} \alpha_{ij}^{X} X_{j} + \sum_{l=1}^{m} \alpha_{il}^{R} R_{l} + \sum_{l=1}^{m} \alpha_{il}^{P} S_{l} + Y_{i} = X_{i} \qquad (2.2.38)$$

$$\sum_{j=1}^{n} d_{kj}^{X} X_{j} + \sum_{l=1}^{m} d_{kl}^{R} R_{l} + R_{ky} = R_{k} \qquad (2.2.39)$$

$$\sum_{j=1}^{n} e_{kj}^{X} X_{j} + \sum_{l=1}^{m} e_{kl}^{R} S_{l} + P_{ky} = P_{k} \qquad (2.2.40)$$

上述模型也可以通过矩阵表示,其中资源投入产出矩阵为

$$A^{X} X + A^{R} R + Y = X \qquad (2.2.41)$$

$$D^{X} X + D^{R} R + R_{y} = R \qquad (2.2.42)$$

X 和 R 同时出现在两个公式,说明可以通过联立方程求解,用分块矩阵将式(2.2.41)、式(2.2.42)表示为:

$$\begin{bmatrix} A^{X} & A^{R} \\ D^{X} & D^{R} \end{bmatrix} \begin{bmatrix} X \\ R \end{bmatrix} + \begin{bmatrix} Y \\ R_{y} \end{bmatrix} = \begin{bmatrix} I & 0 \\ 0 & I \end{bmatrix} \begin{bmatrix} X \\ R \end{bmatrix} \qquad (2.2.43)$$

由此可得 Y、R_{y} 与 X、R 的关系式:

$$\begin{bmatrix} X \\ R \end{bmatrix} = \begin{bmatrix} I - A^X & -A^R \\ -D^X & I - D^R \end{bmatrix}^{-1} \begin{bmatrix} Y \\ R_y \end{bmatrix} \quad (2.2.44)$$

以 B^* 表示等式右端的逆矩阵，则 B^* 可表示为：

$$B^* = \begin{bmatrix} (I-A^X)^{-1} + (I-A^X)^{-1}A^R\bar{D}^R D^X (I-A^X)^{-1} & (I-A^X)^{-1}A^R\bar{D}^R \\ \hline \bar{D}^R D^X (I-A^X)^{-1} & \bar{D}^R \end{bmatrix}$$

$$(2.2.45)$$

$$\bar{D}^R = [I - D^R - (I-A^X)^{-1}A^R]^{-1} \quad (2.2.46)$$

该矩阵表示最终需求与总需求的关系。矩阵左上角反映一般部门最终需求与总需求的比例关系，矩阵右上角反映资源部门最终需求与总需求的比例关系，矩阵左下角反映一般部门最终需求与资源总需求的比例关系，矩阵右下角反映资源部门最终需求与资源总需求的比例关系。由此可得最终需求对资源总需求的影响：

$$R = \begin{bmatrix} \bar{D}^R D^X (I-A^X)^{-1} & \bar{D}^R \end{bmatrix} \begin{bmatrix} Y \\ R_y \end{bmatrix} \quad (2.2.47)$$

若要表示环境投入产出矩阵，首先要解出 S_l，如果用 α_l 表示第 l 类废弃物的消除比，等于 S_l/P_l，则：

$$S_l = \alpha_l P_l \quad (2.2.48)$$

将式（2.2.48）代入式（2.2.38）、式（2.2.40），可得：

$$\sum_{j=1}^{n} \alpha_{ij}^X X_j + \sum_{l=1}^{m} \alpha_{il}^R \alpha_l P_l + Y_i = X_i \quad (2.2.49)$$

$$\sum_{j=1}^{n} e_{kj}^X X_j + \sum_{l=1}^{m} e_{kl}^R \alpha_l P_l + P_{ky} = P_k \quad (2.2.50)$$

将式（2.2.49）和式（2.2.50）用矩阵表示：

$$A^X X + A^P \hat{\alpha} P + Y = X \quad (2.2.51)$$

$$E^X X + E^P \hat{\alpha} P + P_y = P \quad (2.2.52)$$

同样根据资源投入产出模型分析原理用分块矩阵表示上述模型可得：

$$\begin{bmatrix} A^X & A^P\hat{\alpha} \\ E^X & E^P\hat{\alpha} \end{bmatrix} \begin{bmatrix} X \\ P \end{bmatrix} + \begin{bmatrix} Y \\ P_y \end{bmatrix} = \begin{bmatrix} I & 0 \\ 0 & I \end{bmatrix} \begin{bmatrix} X \\ P \end{bmatrix} \quad (2.2.53)$$

进而推出

$$\begin{bmatrix} X \\ P \end{bmatrix} = \begin{bmatrix} I - A^X & -A^P\dot{\alpha} \\ -E^X & I - E^P\dot{\alpha} \end{bmatrix}^{-1} \begin{bmatrix} Y \\ P_y \end{bmatrix} \qquad (2.2.54)$$

根据该模型就可以计算消除废弃物的过程中最终需求对废弃物排放总量的影响。该模型的优点是可以根据各部门之间的资源环境流向理清资源环境与各生产部门之间的互动关系,在环境统计数据奇缺的情况下,有效利用现有数据,对资源环境价值做出合理评估。

(三)模型应用案例

本部分选取孙小羽等(2009)的部分实证结果作为案例,对实物与价值混合投入产出模型进行描述。

这里以《中国能源统计年鉴》中国 2002 年工业分行业终端能源消费量统计(标准量)和能源平衡统计(标准量)数据为基础,结合《国民经济行业分类与代码》对其行业分类口径进行调整,建立包含 23 个非能源行业和 4 个能源行业的能源—经济模型(由于篇幅限制,本部分选取农业、金属矿采选业、非金属矿采选业、纺织业 4 个典型行业进行分析)。《中国能源统计年鉴》的行业合并如下:

农、林、牧、渔、水利业＋木材及竹材采运业＝农业;

黑色金属矿采选业＋有色金属矿采选业＝金属矿采选业;

非金属矿采选业＋其他采矿业＝非金属矿采选业;

纺织服装、鞋、帽制造业＋皮革、毛皮、羽毛(绒)及其制品业＝纺织业。

表 2.5 描述了 4 个典型行业的完全能源密集度系数,结果显示,原煤是绝大部分行业的主要能源消费品且能源密集度系数的行业差异显著。其中,纺织业(制造业)为 0.989 tce[①]/万元,为最高;采掘业(金属、非金属矿采选业)约为 0.845 tce/万元,居中;农业为 0.474 tce/万元,最低。

---

① tce:吨标准煤当量。

表 2.5　完全能源密集度系数　　　　　　　　　单位：tce/万元

	原煤	原油和天然气	水电和核电	合计
农业	0.474	0.204	0.018	0.696
金属矿采选业	0.848	0.273	0.039	1.161
非金属矿采选业	0.841	0.267	0.035	1.143
纺织业	0.989	0.263	0.043	1.295

表 2.6 描述了 4 个典型行业的完全污染密集度系数，结果显示，中国的能源消费结构以化石燃料（特别是煤炭）为主，清洁能源不足 10%，导致高耗能行业兼具高污染。其中，纺织业（制造业）产生的污染排放物合计 0.891 吨，为最多；采掘业（金属、非金属矿采选业）产生的污染排放物合计约为 0.792 吨，居中；农业产生的污染排放物合计为 0.483 吨，最少。

表 2.6　完全污染密集度系数　　　　　　　　　单位：吨

	CO_2	SO_2	NO_x	烟尘	合计
农业	0.454	0.011	0.011	0.007	0.483
金属矿采选业	0.751	0.019	0.017	0.011	0.798
非金属矿采选业	0.742	0.018	0.017	0.011	0.788
纺织业	0.839	0.021	0.020	0.012	0.891

第三节　资源环境动态核算模型与案例

在 SEEA 体系下，资源环境被划分成各个具体的资源环境账户，包括土地和生态系统账户、地下资源账户等。但由于一些技术性的统计问题，这些账户还只能通过现有的各个账户间接体现出来。所以，资源环境价值的退化、耗减成本和增量价值还必须通过即期和跨期成本估价技术来衡量，以体现资源环境价值的存量变化，然后通过流量账户加以调整。这使得以往的静态核算模型的局限性突显了出来。

从影响因素来看，资源环境价值除受到自身使用价值、替代品和互补品的供需等诸多因素的影响外，还会随社会发展和价格波动等因素发生变化。资源环境价值估算的变化主要表现为价值的稳定性变化、周期性波动和预期价

值的变化。因此,在分析资源环境截面价值的同时还要考虑其价值的波动性
和周期性问题,以便使价值评估更加准确地反映经济增长与资源环境之间的
互动关系。所以,既要了解现有的自然资源存量状况,还应该对资源环境价值
的周期波动、各个自然资源存量之间的互动影响以及资源环境预期价值进行
评估。

上述原因要求研究者必须从多角度、多层次、多时空等方面对资源环境价
值进行全面、合理、有效的动态化估算,因此,本节着重对资源环境价值评估的
动态核算模型进行分析与探讨。

动态化分析具体包括周期波动、指标预测等方面的分析。周期波动分析
主要说明周期性波动和周期跨度的问题。指标预测则主要采用时间序列分析
方法,常见于利用门限自回归模型(threshold autoregressive model,简称 TAR)
预判资源环境的未来价值。还有类似于混沌理论等动态技术也被吸收到对动
态问题的研究中来。这些方法从不同的角度反映了各项经济指标的周期变化
和预期成本与收益,在接下来的各小节中将逐一分析。

一、资源环境价值的周期波动分析

(一) 资源环境价值的谱分析原理

1. 模型分类与梳理

20 世纪以来,时间序列方法被广泛应用于研究经济时间序列特征和经济
周期变化特征。目前,资源环境价值评价主要有两种分析方法:一种是利用自
相关函数和差分方程进行时域分析;另一种是通过功率谱的概念来研究时间
序列在频域的结构特征,也称为谱分析。后者将时间序列看作不相关周期分
量的叠加,通过比较各分量的周期变化来揭示时间序列的频域结构,具有时域
分析无法达到的优势,因此得到越来越广泛的应用。经济增长对资源环境的
利用不仅与经济周期密切相关,而且许多资源和环境本身的周期性也在一定
程度上影响着经济发展过程中的生产和生活。资源环境价值的变化也会引起
经济波动。因此,分析资源环境价值的周期性变化和具体波动,成为协调资源

环境价值与经济增长关系的一项有意义的工作。在研究经济周期波动的课题上，经济学界内多采用"剩余法"和"环比法"来衡量经济周期变化的特征，而谱分析的优势使得近年来利用谱分析方法测量经济周期的研究逐渐增多。本节主要就资源环境谱分析提出相应的看法和思路。

2. 模型介绍

谱分析方法把时间序列$\{x_t\}$看作无数具有随机振幅和相位的周期振荡的叠加。首先，考虑随机过程$\{x_t\}$的线性变换：

$$y_t = \sum_{j=-\infty}^{\infty} w_j x_{t-1} \tag{2.3.1}$$

其中w_j是确定的权重序列，如果y_t是$\{x_t\}$的移动平均，上面的转换可以用滞后算子表示为：

$$y_t = W(L)x_t \tag{2.3.2}$$

$$W(L) = \sum_{j=-\infty}^{\infty} w_j L^j \tag{2.3.3}$$

由这种变换构成的滞后多项式被称为线性滤波(linear filter)，由谱分析相关定义可知$\{y_t\}$的功率谱可以表示为：

$$f_y(\lambda) = [W(e^{-i\lambda})]^2 f_x(\lambda) \tag{2.3.4}$$

其中：$f_y(\lambda)$和$f_x(\lambda)$分别是序列$\{y_t\}$和$\{x_t\}$功率谱，关于$e^{-i\lambda} = \cos\lambda - i\sin\lambda$的指数函数$W(e^{-i\lambda})$被定义为：

$$W(e^{-i\lambda}) = w(\lambda) = \sum_{j=-\infty}^{\infty} w_j e^{-i\lambda} \tag{2.3.5}$$

其中，i是满足$i^2 = -1$的虚数。$W(e^{-i\lambda})$等同于$W(L)$中L^j用$e^{-i\lambda}$置换的结果。

为了描述一个平稳时间序列的统计特征，在时域分析中考察其协方差，即：

$$w(\lambda) = E[(x_t - \mu)(x_{t+k} - \mu)] \tag{2.3.6}$$

其中，$\mu = Ex_t$。而在频率域中是考察功率谱密度函数(简称功率谱)$f(\lambda)$，功率谱与协方差函数通过傅里叶变换建立对应关系：

$$w(\lambda) = \int_{-\pi}^{\pi} e^{-i\lambda j} f(\lambda) d\lambda, \quad k = 0, \pm 1, \pm 2, \cdots$$

66

$$f(\lambda) = \frac{1}{2\pi}\sum_{-\infty}^{\infty}r(k)\mathrm{e}^{-\mathrm{i}\lambda k}, \quad -\pi \leqslant \lambda \leqslant \pi \qquad (2.3.7)$$

协方差函数和功率谱分别是在时域和频域对 $\{x_t\}$ 统计特性的不同描述方法,其中功率谱经常被用于分析时间序列的隐含周期。

时序数据的谱分析就是对各种谱函数的研究和分析。通常是做出谱图,以频率 λ 为横坐标、谱函数值 X 为纵坐标,然后对功率谱图的性状加以分析。例如在给定时间序列数据 X 和样本跨度 T 下,把 X 的变动分解为不同周期波动之和。设频率为 λ,周期为 p,若在功率谱图上出现明显的峰值,则与之对应的频率就确定了该序列的主要周期分量,频率和周期的关系如下:

$$频率 \times 周期 = \lambda \cdot p = 2\pi \qquad (2.3.8)$$

$$p = \frac{2\pi}{\lambda} \qquad (2.3.9)$$

时间序列 X 的变化可以分解为各种频率波动的叠加和,可以根据哪个频率波动的贡献更大来解释 X 的周期分量。其核心概念是功率谱密度函数,它反映了时间序列中不同频率分量对功率或方差的贡献。

(二) 资源环境价值的指数分析原理

1. 模型分类与梳理

作为一种常用的经济分析方法,指数分析反映了一种可比性指标。国内外对指数的定义有很多,其中最常见的形式是几组相关数据的加权平均数。指数有广义和狭义两种含义。广义的指数是指说明社会、经济、自然现象的数量变动或差异程度的所有相对数。狭义的指数是指一种特殊的相对数,一般专门指无法相加的复杂社会经济现象综合变动的相对数。因此指数是指综合反映由多个要素构成的经济、社会、自然现象根据时间、空间条件平均移动的相对数值。本节将着重介绍资源环境领域的指数分析方法应用。

2. 模型介绍

现有的指数研究通常以综合指数和平均指数两种形式进行,前者是指必须归纳多种商品价格或物量的综合对比关系,后者是指必须反映多种商品价格或物量的平均变动程度。目前在经济学中常用的指数具体有:物价指数(居民消费价格指数、商品零售价格指数、其他物价指数)、证券市场价格指数(股票价格指数、债券价格指数、基金价格指数)、气象指数等。

现实中,通常认为随机变量是连续的,把商品价值指数看作商品价格指数和成交量指数的函数。根据数学期望的性质,随机变量 Q 一定在它的期望 E_1 附近摆动,随机变量 P 一定在它的期望 E_2 附近摆动,因此二维随机向量 (Q, P) 一定也围绕二维平面上的点 (E_1, E_2) 摆动。进一步将 (Q, P) 拓展到在整个平面上摆动,那么向量 (Q, P) 在平面上各点对社会影响的大小形成了二维联合密度函数 $p(Q, P)$。根据二维正态分布的性质,可知个体物价指数和个体实物量指数的联合密度函数近似于二维正态分布。由正态分布的性质知,E_1、E_2 分别是随机变量 Q、P 在边际分布下的数学期望 $E(Q)$、$E(P)$。上述期望是在假定不存在相互作用的情况下获得的,而现实生活中的多个变量是相互影响的,因此其价值是由物价和数量两个因素共同作用的结果,表现为二者的乘积。个体价值指数 I 也表现为同一种类商品个体物价指数 Q 和个体物量指数 P 的乘积,即 $I = QP$,那么将价值指数分解为物价指数与物量指数的乘积,从指数真值 $E(Q)$、$E(P)$ 的性质及来源看,$E(Q)$、$E(P)$ 是存在且成立的。所以有 $E(QP) = E(I) = E(Q)E(P)$。考虑到一定时期社会商品价值量是有限的,因此,一定时期社会商品价值指数真值能表述为两期价值的比的样本,价值指数显然是社会商品价值指数真值 $E(I)$ 的估计量。因此说价值指数 $V_{1/0}$ 是价值指数真值的一致估计量,并且还是一个有效、无偏的估计量。依据 $V_{1/0}$ 能够写出随机向量 $(p_{1/0}, q_{1/0})$ 的联合分布和边际分布,如表 2.7 所示。

表 2.7 $(p_{1/0}, q_{1/0})$ 的联合分布与边际分布

$q_{1/0}$	(1) $p_{1/0}$	(1) $p_{1/0}$	...	(1) $p_{1/0}$	$q_{1/0}$ 的边际概率分布 $w_q^{(i)}$
1	$\dfrac{p_{01}q_{01}}{\sum\limits_{i=1}^{n} p_{0i}q_{0i}}$	0	...	0	$\dfrac{p_{01}q_{01}}{\sum\limits_{i=1}^{n} p_{0i}q_{0i}}$
2	0	$\dfrac{p_{02}q_{02}}{\sum\limits_{i=1}^{n} p_{0i}q_{0i}}$	...	0	$\dfrac{p_{02}q_{02}}{\sum\limits_{i=1}^{n} p_{0i}q_{0i}}$
⋮	⋮	⋮	⋮	⋮	⋮

（续表）

$q_{1/0}$	(1) $p_{1/0}$	(1) $p_{1/0}$	...	(1) $p_{1/0}$	$q_{1/0}$的边际概率分布 $w_q^{(i)}$
n	0	0	...	$\dfrac{p_{0n}q_{0n}}{\sum\limits_{i=1}^{n}p_{0i}q_{0i}}$	$\dfrac{p_{0n}q_{0n}}{\sum\limits_{i=1}^{n}p_{0i}q_{0i}}$
$p_{1/0}$的边际概率分布 $w_p^{(i)}$	$\dfrac{p_{01}q_{01}}{\sum\limits_{i=1}^{n}p_{0i}q_{0i}}$	$\dfrac{p_{02}q_{02}}{\sum\limits_{i=1}^{n}p_{0i}q_{0i}}$	...	$\dfrac{p_{0n}q_{0n}}{\sum\limits_{i=1}^{n}p_{0i}q_{0i}}$	1

资料来源:孙慈钧.动态统计指数理论探讨[J].统计研究,2005(2):13-19.

　　资源环境的价值的变化同样受到人的行为和市场价格因素的干扰,以致在不同程度上发生变化,因此,它们的价格数量的变化是随机的,个别的物价指数、数量指数是随机的,也可以按照上述方法反映它们的变化趋势。此外,对于价值评价问题,还需要在相应的时间和地区之间进行比较分析,以突出真实性及资源环境价值本身,以及资源环境的动态变化。因此,有必要通过指数对资源价值进行相关性分析,以评估人类生存对资源和环境的依赖程度。上述所有指标依次从两个方面表现出来:资源价值与环境及其要素之间的动态关系,以及时间序列中资源与环境本身的动态关系。但资源环境价值动态化问题由于数据不完整,不能直接获得,只能采用间接方法找出环境指数对资源环境要素和其他要素的依赖关系。当前在资源环境领域中使用的指数方法主要应用于对天气预报和水文环境的分析,仅限于环境内部的变化趋势,而关于资源环境与经济增长之间的物量与价格研究仅限于价格指数分析,主要是因为资源环境和技术环境本身的复杂性和价值在市场上还没有一个有效的解决方案。环境演化状态的指标,通常通过对主要成分进行时间序列分析的方法得到。下面给出了这种方法的分析。

　　首先选择反映环境质量状况的评价指标的时间序列数据,然后利用时序全局主成分分析方法动态描述其发展水平。由于这些指标具有不同的维度量纲,在运用时序全局主成分分析方法之前,需要通过减去平均值并除以标准差来进行标准化处理。然后使用统计软件对主要组成部分进行分析,以获得评价环境发展水平的指标相关矩阵的特征值,并确定其主要组成部分。这种方法的目的是确定主要成分是否通过其累积方差在很大程度上保留了原始指

标的信息。最后,这个主要组成部分取代了原来的整个指标,并表示各种评价指标及其主要组成部分之间的线性组合:

$$y_1 = \beta_{11}X_1 + \beta_{12}X_2 + \cdots + \beta_{1n}X_n$$

$$y_2 = \beta_{21}X_1 + \beta_{22}X_2 + \cdots + \beta_{2n}X_n$$

······

$$y_m = \beta_{m1}X_1 + \beta_{m2}X_2 + \cdots + \beta_{mn}X_n \qquad (2.3.10)$$

接下来构建综合评价模型。以所选取的 m 个主成分的方差贡献率和权数 $d_1, d_2, \cdots, d_m$ 构建综合评价模型:

$$f = d_1y_1 + d_2y_2 + \cdots + d_my_m \qquad (2.3.11)$$

将方程组(2.3.10)的各个 y 代入式(2.3.11)就可以获得环境演变状况的指数 f,再根据环境演变状况的指数绘制时间序列图。

二、时间序列数据自回归移动平均模型

(一)模型分类与梳理

时间序列的模型很多,包括趋势模型、平稳性模型、非平稳性模型、协整和误差修正模型、TAR 和自回归移动平均模型(Autoregressive Moving Average,简称 ARMA)等。这些模型被广泛应用于各经济领域内,其中 ARMA 模型是研究时间序列数据的最常用方法。本节主要以 ARMA 模型为例,探讨资源环境价值估算的基本原理和具体应用。

(二)模型介绍

ARMA 模型由 Box 和 Jenkins 创立,又称为 Box-Jenkins 法。其基本思想是:某些时间序列依赖于时间 t 的一组随机变量,构成该时间序列的单个序列值虽然具有不确定性,但整个序列的变化却有一定的规律,可以通过相关的数学模型近似描述。ARMA 模型有三种基本类型:自回归模型(Autoregressive,简称 AR)、移动平均模型(Moving Average,简称 MA)以及自回归移动平均模型。

在进行时间序列分析时,一般使用稳定型时间序列。稳定型时间序列定义为:若时间序列$\{X_t\}$的 $E(X_t)$、$Var(X_t)$和 $Cov(X_t,X_{t+s})$皆为不受时间 t 影响的常数,则称$\{X_t\}$为稳定型时间序列。Box-Jenkins 预测方法就是根据稳定型时间序列,在 ARMA 模型库中,依据数据情况,自动匹配一个最佳的模型,以进行数据分析与预测。

下面逐一介绍自回归模型 AR(p)、移动平均模型 MA(q)和自回归移动平均模型 ARMA(p,q)三种类型的 ARMA 模型。

1. 自回归模型

若一个随机过程表达成:

$$X_t = \phi_1 X_{t-1} + \phi_2 X_{t-2} + \cdots + \phi_p X_{t-p} + \mu_t \tag{2.3.12}$$

式中$\phi_i(i=1,2,\cdots,p)$为自回归参数,μ_t 为白噪声过程,那么称 X_t 为 p 阶自回归过程,可用 AR(p)表示。

若用滞后算子则表示为:

$$(1-\phi_1 L-\phi_2 L^2-\cdots-\phi_p L^p)X_t = \Phi(L)X_t = \mu_t \tag{2.3.13}$$

式中 $\Phi(L)=1-\phi_1 L-\phi_2 L^2-\cdots-\phi_p L^p$ 称为自回归算子。

针对 AR(p),若其特征方程

$$\Phi(L) = 1-\phi_1 L-\phi_2 L^2-\cdots-\phi_p L^p$$
$$= (1-G_1 L)(1-G_2 L)\cdots(1-G_p L) = 0 \tag{2.3.14}$$

的所有根的绝对值全部大于 1,那么 AR(p)为一个平稳的随机过程。

2. 移动平均模型

若一个线性随机过程表达成如下形式:

$$X_t = \mu_t(1+\theta_1 L+\theta_2 L^2+\cdots+\theta_q L^q) = \Theta(L)\mu_t \tag{2.3.15}$$

式中$\theta_i(i=1,2,\cdots,q)$为回归参数,μ_t 为白噪声过程,那么上式为 q 阶移动平均过程,可用 MA(q)表示。

3. 自回归移动平均模型

自回归和移动平均共同组成的随机过程叫作自回归移动平均过程,可用ARMA(p,q)表示。

ARMA(p,q)的一般表达式为:

$$X_t = \phi_1 X_{t-1} + \phi_2 X_{t-2} + \cdots + \phi_p X_{t-p} + \mu_t (1 + \theta_1 L + \theta_2 L^2 + \cdots + \theta_q L^q)$$

$$(2.3.16)$$

对时序数据的 ARMA 分析过程如下：

第一，数据处理。ARMA 模型是用于分析平稳且非纯随机性序列的一种模型。所以当得到一组数据时，首先对其平稳性进行检验。其方法主要是看数据序列的时序图与单位根检验。当原始数据并非平稳序列时，可以进行差分操作，以便充分地提取序列中有用的可供预测的信息。然后检验序列数据是否具有纯随机性，也即数据序列是否存在显著的相关性。其检验方法是看样本自相关系数的 Q 统计量及其 P 值，当 P 值小于 $\alpha(\alpha = 0.05)$ 时，认为样本存在显著的相关性，即属于非纯随机序列。

第二，模型的定阶与回归。ARMA 模型的定阶就是确定其参数 p、q 值，也即利用样本自相关系数图和偏自相关系数图的性质，选择适当的 ARMA 模型拟合观察值序列。ARMA 模型定阶的基本原则如表 2.8。

表 2.8　ARMA 定阶原则

自相关系数	偏自相关系数	模型定阶
拖尾	P 阶截尾	ARMA(p,0)模型
Q 阶截尾	拖尾	ARMA(0,q)模型
拖尾	拖尾	ARMA(p,q)模型

在实际操作中，如果样本自相关系数或偏自相关系数在最初的 i 阶明显大于 2 倍标准差范围，而后几乎 95% 的自相关系数都落在 2 倍标准差的范围以内，而且由非零自相关系数衰减为小值波动的过程非常突然，那么这时通常视其为自相关系数 i 阶截尾。如果有超过 5% 的样本相关系数落在 2 倍标准差范围之外，或者是由显著非零的相关系数衰减为小值波动的过程比较缓慢或者非常连续，那么这时通常视其为相关系数不截尾。

第三，模型估计。当确定了模型的阶数 p、q 值后，也即确定了待估计的模型 ARMA(p,q)。然后就可以对其进行估计，估计方法采用最小二乘法。记

$$\widetilde{\beta} = (\phi_1, \phi_2, \cdots, \phi_p, \theta_1, \theta_2, \cdots, \theta_q)'$$

$$F_t(\widetilde{\beta}) = \phi_1 X_{t-1} + \phi_2 X_{t-2} + \cdots + \phi_p X_{t-p} - \theta_1 \mu_{t-1} - \theta_2 \mu_{t-2} - \cdots - \theta_q \mu_{t-q}$$

$$(2.3.17)$$

$$minQ(\widetilde{\beta}) = \sum_{t=1}^{n} \mu_t^2 = \sum_{t=1}^{n} X_t - F_t(\widetilde{\beta}) \qquad (2.3.18)$$

ARMA 分析过程可以总结为：首先获得时间序列的样本；再对该序列进行特性分析，主要包括自相关和偏自相关分析，判断时间序列的随机性、平稳性、季节性和趋势性；然后再进行模型识别、参数估计、检验模型；最后做出预测。

（三）模型应用案例

下面以《中国林业统计年鉴》与《中国统计年鉴》里中国 1950—2014 年林业系统固定资产投资完成额的时间序列数据为例，探讨 ARMA 模型在资源环境价值中的预测作用。

首先搜集数据，并大致估算数据的平稳性。由此可得该数据的散点图 2.2，由图可知：在 1950—2014 年中国林业系统固定资产投资完成额总体呈现增长态势，并在 1990 年左右迎来拐点，随后出现爆发性增长，在 2009 年达到峰值，但在 2010 年出现锐减，此后逐步上升。初步判断该时序数据存在趋势问题和季节性问题。进一步对其取对数进行分析，得到更加平稳的散点图 2.3。

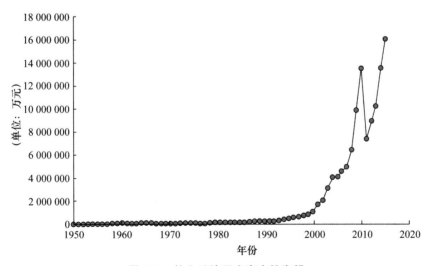

图 2.2　林业系统固定资产投资额

然后根据对数形式进行相关分析，运用 Stata 里的 dfuller lfi（lfi＝Ln（fi），其中 fi 是固定资产投资额的简写）命令，发现 $z(t)=0.42>0.1$，也即认定取对数后该时间序列数据依然不够平稳。

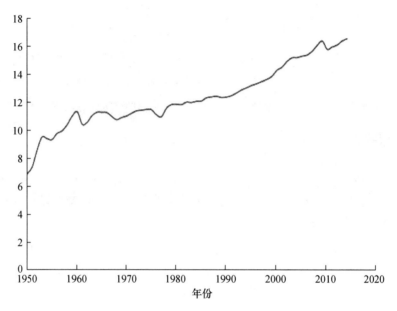

图 2.3 取对数后的投资额

再考虑一阶差分,从做出的自相关和偏自相关分析图来看,一阶差分序列没有很快趋于 0,说明对数图一样很难看出序列是否具有季节性。最后经过二阶差分和剔除时间因素,季节性和趋势基本消除,做出自相关图 2.4 和偏自相关图 2.5。

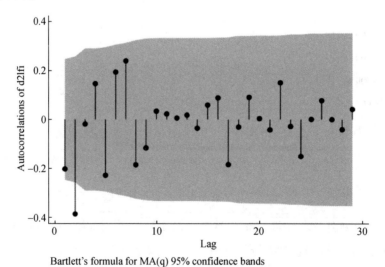

Bartlett's formula for MA(q) 95% confidence bands

图 2.4 二阶差分自相关分析图

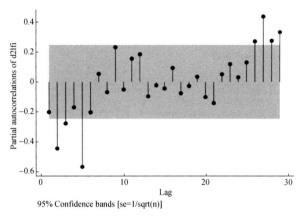

图 2.5 二阶差分偏自相关分析图

由图 2.4 和图 2.5 可知,自相关图和偏自相关图均有拖尾性,滞后二期的偏自相关系数迅速收敛,可以认为二阶是该序列的一个截点,初选模型为 ARMA(2,2) 或 ARMA(2,1)。使用 Stata 软件进行模型模拟,分别得到图 2.6 和图 2.7。

```
Sample: 1952 - 2014                    Number of obs    =        63
                                       Wald chi2(2)     =      9.93
Log likelihood = -19.57853             Prob > chi2      =    0.0070
```

d2lfi	Coef.	OPG Std. Err.	z	P>|z|	[95% Conf. Interval]	
d21fi						
_cons	-.0074297	.0310908	-0.24	0.811	-.0683666	.0535072
ARMA						
ar L2.	-.421265	.4238174	-0.99	0.320	-1.251932	.4094019
ma L2.	.0218333	.4850571	0.05	0.964	-.9288611	.9725276
/sigma	.3292346	.0238423	13.81	0.000	.2825046	.3759646

```
Note: The test of the variance against zero is one sided, and the two-sided
      confidence interval is truncated at zero.

. estat ic

Akaike's information criterion and Bayesian information criterion
```

Model	N	ll(null)	ll(model)	df	AIC	BIC
.	63	.	-19.57853	4	47.15707	55.72961

图 2.6 ARMA(2,2)模型

```
Sample: 1952 - 2014                          Number of obs    =        63
                                             Wald chi2(2)     =     60.03
Log likelihood = -9.910772                   Prob > chi2      =    0.0000
```

d2lfi	Coef.	OPG Std. Err.	z	P>|z|	[95% Conf. Interval]	
d21fi						
_cons	-.006081	.0101934	-0.60	0.551	-.0260596	.0138976
ARMA						
ar						
L2.	-.415669	.1633639	-2.54	0.011	-.7358563	-.0954816
ma						
L1.	-.7363929	.1602933	-4.59	0.000	-1.050562	-.4222238
/sigma	.2796926	.025559	10.94	0.000	.2295979	.3297872

Note: The test of the variance against zero is one sided, and the two-sided
      confidence interval is truncated at zero.

. estat ic

Akaike's information criterion and Bayesian information criterion

Model	N	ll(null)	ll(model)	df	AIC	BIC
.	63	.	-9.910772	4	27.82154	36.39408

图 2.7　ARMA(2,1)模型

依据贝叶斯信息准则(Bayesian Information Criterion,简称 BIC),选取 AR-MA(2,1)模型,再对模型准确性进行检验,估算残差、检验 Q 值后,显示 P 值>chi2(20),说明模型合理。

最后,利用模型结果对 2015—2019 年中国林业系统固定资产投资额进行预测,再结合 2010—2014 年的实际值,形成表 2.9。考虑到林业系统固定资产投资额在 2010 年的锐减之势,以及相应的环境政策等国内背景和实际情况的变化,该预测仍然可能存在较大的误差。

表 2.9　林业系统固定资产投资额(2010—2019)

年份	固定资产投资额/万元(fi)	对数值(lfi)	二阶差分值(d2lfi)
2010	7 424 000	15.820	−0.912
2011	8 899 000	16.001	0.780
2012	10 233 000	16.141	−0.041
2013	13 566 000	16.423	0.142
2014	16 053 000	16.591	−0.113
2015	21 900 261	16.902	−0.131
2016	26 668 384	17.099	0.038
2017	28 478 840	17.165	0.046
2018	31 609 672	17.269	−0.025
2019	36 735 098	17.419	−0.028

注:2015—2019 年为预测值。

三、混沌理论在时间序列中的应用

(一) 模型分类与梳理

　　混沌理论与相对论、量子论一起并称为 20 世纪最令人震惊的三大科学成就。自 20 世纪 80 年代被应用于经济领域以来,混沌理论揭示了隐匿在貌似随机的经济现象背后的有序结构和规律性,并提供了一种方法把复杂事物理解为某种自身内部有结构的、有目的的,而不是外来的、偶然的特征,从而突破了经典经济学的思维方式,拓宽了人们对现实经济问题的研究视野,受到众多学者的关注。本节选用混沌理论模型作为资源环境价值核算领域的前沿模型的代表,进行简要介绍。

　　目前常用的方法有全域预测法、一阶局域预测法、加速一阶局域预测法和基于最大李雅普诺夫指数(Largest Lyapunov Exponent, LLE)的时间序列预测法。

(二) 模型介绍

　　“混沌”的概念最早是由美国数学家 Yorke 和美籍华人学者 Li 于 1975 年在论文《周期三意味着混沌》中提出(Li 等,2004)。研究混沌运动,探索复杂现象无序中的有序和有序中的无序，是混沌理论的首要任务。混沌是指确定性系统由于各构成要素或子系统的非线性关联，其运动轨迹或系统的演化路径呈现出不确定性或不可预测性的内在随机性现象。混沌的概念自诞生那天起，就和确定性、非线性系统紧密相连，这些系统能够产生貌似随机的复杂性运动，并且一些小的不确定性会被指数式放大。当一个系统产生混沌现象时，其未来行为具有对系统初始条件的敏感依赖性，初始条件的细微变化将会导致截然不同的未来行为，因而，混沌现象本质上是不可长期预测的。但是混沌并非混乱，混沌中隐含着秩序，遵循着普遍客观规律。

混沌理论的优势在于打破了首先建立主观模型的传统，它直接根据数据序列本身所计算出来的客观规律进行预测，可以避免人为的主观性，提高预测的精确度和可信度。对于所研究的经济现象是否具有混沌特征，主要通过 LLE 和分形维两个指标来判断。LLE 衡量系统发散率或者收敛率，系统演化过程通过空间维数的收敛率决定系统的稳定性。一个收敛于点或者周期环的过程，对于不同起点会出现相同的终点。在每一维收敛的动态系统中，从任何初始条件开始，结果都稳定地到达均衡状态。如果沿着某些维演化过程是发散的，而作为整体却是收敛的，那么这个过程便是混沌。可以通过 LLE 的符号判别经济系统是否具有混沌特征。如果 LLE 小于 0，则系统是稳定的；如果 LLE 大于 0，则系统会出现混沌状态；若 LLE 等于 0，则对应于稳定的边界。分形维是用来判断混沌系统的分形结构，由 Mandelbrot(1982)提出，它用来度量几何物体的特征，直观地讲，分形维是测度一个物体充满多少空间。Mandelbrot 认为，在分形世界里，维数不一定是整数的，特别是由于分形几何对象更不规则、更粗糙、更破碎，所以它的分形维不是整数维。计算分形维有许多种方法，其中相关维是最常用的一种方法。

当确定某些经济时间序列数据具有混沌性时，可以通过相空间重构技术将其内部规律挖掘出来，基本原理如下。

假设原时间序列为 $x(t), t=1,2,\cdots,n$，其中 n 表示样本数。根据 Takens 嵌入定理，可将原序列重构为以下形式：

$$Y(t) = [x(t), x(t+\tau), \cdots, x(t+(m-1)\tau)]^{\mathrm{T}} \qquad (2.3.19)$$

式(2.3.19)中，τ 表示延迟时间，m 为嵌入维数。本节在构建动态混沌神经网络之前,首先根据混沌理论的相空间重构技术确定时间序列的最佳延迟时间 τ 和饱和嵌入维数 m。根据 Takens 嵌入定理,采用等同于相空间饱和嵌入维数的输入变量组合对非线性混沌系统建模,可以有效地反映系统的全部动力特性,并且具有良好的外推能力(即泛化能力)。如果系统时间序列为混沌时间序列,则其重构出混沌吸引子的相空间具有高精度短期预测性。一般情况下,当输入层神经元个数等于混沌时间序列重构相空间的嵌入维数 m 时,预测效果比较好。

第四节　产品供给服务价值核算模型与案例

一、模型分类与梳理

1997 年,Costanza 等 13 位学者在 *Nature* 杂志上发表题为《全球生态系统服务与自然资本的价值估算》(The value of the world's ecosystem services and natural capital)的文章,该文将全球生态系统服务划分为 17 类,并对全球主要的生态系统服务功能价值首次进行了定量评估。此后,生态系统服务价值研究逐渐成为资源环境经济学、环境经济学和生态经济学等众多学科的研究热点。

目前,在价值评估方法研究领域,最新且得到国际社会广泛认可的生态系统服务分类是联合国千年生态系统评估工作组(Millennium Ecosystem Assessment,MA)于 2002 年提出的分类方法,该方法将生态系统服务归纳为供给服务、调节服务、文化服务和支持服务 4 个功能组。

二、模型介绍

根据生态经济学、环境经济学和资源经济学的研究成果,对资源环境的生态系统服务功能的经济价值评估方法大体可分为 3 类:实际市场评价法、替代市场评价法和模拟市场评价法。

实际市场评价法是指某类具体的资源环境产生的收益,可以通过直接或间接的市场交易获得评价,具体包括市场价格法和费用支出法。① 市场价格法。该方法比较直观，简便易行，并且可以反映在国家收益的账目上，但受到市场政策中工农业产品价格剪刀差的影响，在很大程度上依赖于对市场化服务的需求，这就意味着市场变化对生态系统服务的货币价值存在相当大的影响。② 费用支出法。该方法是以人们对某种生态服务功能的支出费用来表示其生态价值。此方法应用广泛，便于计算，但评价结果受不同角度和成本计价等多种因素的影响，这使得评价结果的代表性难以把握。

替代市场评价法是指当研究对象没有直接的市场价格时，利用替代物的市场价格来衡量价值，具体包括替代成本法和机会成本法。① 替代成本法。运用替代成本法对生态系统服务价值进行评估，首先要计算某种生态系统服务的定量值，再通过相应人工替代工程的影子价格来计算生态系统服务价值。在应用替代成本法时，关键问题是要对需要替代的生态系统的特征进行精确定义，否则容易出现使用范围不准确的情况，进而导致替代的不完善性。② 机会成本法。在无市场价格的情况下，一些生态系统服务的使用成本可以用牺牲的替代用途的收入来估算。该方法特别适用于对自然保护区或具有唯一性特征的自然资源的开发项目的评估。相对而言，机会成本法能够比较客观全面地体现资源系统的生态价值，可信度较高。

模拟市场评价法是在连替代市场都难以找到的情况下，人为创造假想市场，以支付意愿来衡量环境质量及其变动的价值，具体包括条件价值法。该方法是生态系统服务价值评估中应用最为广泛的评估方法之一。张志强等（2004）分别用投标卡式条件价值评估法、单边界两分式条件价值评估法和双边界两分式条件价值评估法研究了黑河流域张掖市的生态服务恢复价值，并对这三种研究方法和研究结果进行了比较。

对于资源环境的生态系统服务功能来说，并没有统一的评估规范和标准。某种生态服务功能可采用不同的评估方法，而同一评估方法则适用于多个生态服务功能。对于生态服务功能的选取，应选择效益最突出的类型，而对于评估方法的选取，应视其可行性和可操作性来进行。

综合国内外有关生态系统服务评价的研究可知，价值评价法仍然是当前生态系统服务价值评估中的主要方法，因此本部分主要参考国内该领域权威专家谢高地等（2015）的价值当量因子进行介绍。

　　1 个标准单位生态系统生态服务价值当量因子(以下简称"标准当量")是指 1 平方百米(hm²)全国平均产量的农田每年自然粮食产量的经济价值,以此当量为参照并结合专家知识可以确定其他生态系统服务的当量因子,其作用在于可以表征和量化不同类型生态系统对生态服务功能的潜在贡献能力。将单位面积农田生态系统粮食生产的净利润作为 1 个标准当量因子的生态系统服务价值量,农田生态系统的粮食产量价值主要依据稻谷、小麦和玉米三大粮食主产物计算。其计算公式如下:

$$D = Sr \times Fr + Sw \times Fw + Sc \times Fc \tag{2.4.1}$$

式中 D 表示 1 个标准当量因子的生态系统服务价值量(元/hm²);Sr、Sw 和 Sc 分别表示 2010 年稻谷、小麦和玉米的播种面积占三种作物播种总面积的百分比(%);Fr、Fw 和 Fc 分别表示 2010 年全国稻谷、小麦和玉米的单位面积平均净利润(元/hm²)。依据《中国统计年鉴 2011》《全国农产品成本收益资料汇编 2011》和式(2.4.1),得到 D 值为 3 406.5 元/hm²。

三、模型应用案例

　　谢高地等(2015)在参考 Costanza 的部分成果基础上,进一步对中国 200 位生态学者进行问卷调查,制定出中国生态系统生态服务价值当量因子表(表 2.10)。

表 2.10　中国不同陆地生态系统单位面积生态服务价值当量因子表

	森林	草地	农田	湿地	水体	荒漠
气体调节	3.50	0.80	0.50	1.80	0	0
气候调节	2.70	0.90	0.89	17.10	0.46	0
水源涵养	3.20	0.80	0.60	15.50	20.38	0.03
土壤形成与保护	3.90	1.95	1.46	1.71	0.01	0.02
废物处理	1.31	1.31	1.64	18.18	18.18	0.01
生物多样性保护	3.26	1.09	0.71	2.50	2.49	0.34
食物生产	0.10	0.30	1.00	0.30	0.10	0.01
原材料生产	2.60	0.05	0.10	0.07	0.01	0
娱乐文化	1.28	0.04	0.01	5.55	4.34	0.01

　　生态系统生态服务价值当量因子表的特点为:① 生态服务被划分为气体调节、气候调节、水源涵养、土壤形成与保护、废物处理、生物多样性保护、食物

生产、原材料生产、娱乐文化共 9 类。其中气候调节功能的价值中包括了
Costanza 等体系中的干扰调节，土壤形成与保护包括了 Costanza 等体系中的
土壤形成、营养循环、侵蚀控制 3 项功能，生物多样性保护中包括了 Costanza
等体系中的授粉、生物控制、栖息地、基因资源 4 项功能。② 生态系统生态服
务价值当量因子是指生态系统产生的生态服务的相对贡献大小的潜在能力，
依据定义，可将权重因子表转换成当年生态系统服务单价表。经过综合比较
分析，确定 1 个生态服务价值当量因子的经济价值量等于当年全国平均粮食
单产市场价值的 1/7。

　　表 2.11 提供了一个全国平均状态的生态系统生态服务价值的单价，生态
系统的生态服务功能大小与该生态系统的生物量有密切关系。一般来说，生
物量越大，生态服务功能越强，为此，假定生态服务功能强度与生物量成线性
关系，生态服务价值的生物量因子可按下述公式来进一步修订生态服务单价：
$p_{ij} = (b_j/B)p_i$。式中 p_{ij} 为订正后的单位面积生态系统的生态服务价值；$i =
1,2,\cdots,9$，分别代表气体调节、气候调节等不同类型的生态系统服务价值；$j =
1,2,\cdots,n$，分别代表寒温带山地落叶针叶林、温带山地常绿针叶林、高寒草甸
草原类、高寒草原类、高寒荒漠草原类等不同生态资产类型；p_i 为表 2.11 中
不同生态系统服务价值基准单价；b_j 为 j 类生态系统的生物量；B 为中国一级
生态系统类型单位面积平均生物量。

表 2.11　中国不同陆地生态系统单位面积生态服务价值表　单位：元/hm²

	森林	草地	农田	湿地	水体	荒漠
气体调节	3 097.0	707.9	442.4	1 592.7	0	0
气候调节	2 389.1	796.4	787.5	15 130.9	407.0	0
水源涵养	2 831.5	707.9	530.9	13 715.2	18 033.2	26.5
土壤形成与保护	3 450.9	1 725.5	1 291.9	1 513.1	8.8	17.7
废物处理	1 159.2	1 159.2	1 451.2	16 086.6	16 086.6	8.8
生物多样性保护	2 884.6	964.5	628.2	2 212.2	2 203.3	300.8
食物生产	88.5	265.5	884.9	265.5	88.5	8.8
原材料生产	2 300.6	44.2	88.5	61.9	8.8	0
娱乐文化	1 132.6	35.4	8.8	4 910.9	3 840.2	8.8

　　下面以青藏高原为例，对其生态系统服务价值进行评估。

　　青藏高原地域辽阔,不同区域受气候、地貌的影响,光照、热量、水分有很大差异,形成了各种各样的生态系统。青藏高原天然生态系统每年提供的总生态系统服务价值为9 363.9亿元,占全国生态系统每年服务价值的16.7%。受各类生态资产分布广度和单位面积生态服务功能强弱的综合影响,各类生态系统的生态服务价值贡献率有很大差异。

　　青藏高原分布着大约21.8万平方千米的森林,高原独特的自然环境对森林生态系统的组成、结构、分布有着深刻的影响。其中青藏高原东南地区降水充沛,气候温热,生长着带热带雨林成分的阔叶林,从东南往北,从低海拔到高海拔依次分布着云南松林、暗针叶林、高山栎林、柏木林、灌木林;从西南向东北,随着海拔的增高依次分布着常绿阔叶林、暗针叶林、高山栎林、柏木林、灌木林。占面积8.6%的森林生态系统对青藏高原生态系统总服务价值的贡献率高达31.3%。

　　青藏高原是中国天然草地分布面积最大的一个区域,面积达128.7万平方千米,主要草地类型为高寒草甸类和高寒草原类。高寒草甸类在高原寒冷而又湿润的气候条件下,由耐寒性多年生、中生草本植物为主形成,草层平均高度5～15厘米,草群盖度一般为80%～90%;高寒草原类在高原寒冷干旱的气候条件下,以抗旱耐寒的多年生草本植物或小半灌木为主,草群植物组成简单,一般每平方米植物种的饱和度为10～15种,草群稀疏低矮,生物产量偏低,草层平均高度5～15厘米,草群盖度一般为20%～30%,平均每平方百米产草284千克。这些草地对发展畜牧业、保护生物多样性、保持水土和维护生态平衡有着重大的作用和价值,特别是该草原地区是黄河、长江等水系的源头区,具有生态屏障功能。相关研究表明,青藏高原草地生态系统每年提供的生态服务价值达4 521.5亿元,占面积50.9%的草地生态系统对青藏高原生态系统总服务价值的贡献率达到48.3%。

　　其余类型的生态服务价值贡献率较小,其中,农田生态系统的贡献率为2.0%。青藏高原上的湖泊星罗棋布,是其自然景观的重要特色。据统计,面积大于0.5平方千米的湖泊有1 770余个,湖泊面积共达29 182平方千米,湖泊生态系统的贡献率为12.7%。与湖泊广布相对应,青藏高原也是中国高原沼泽湿地分布面积最大、沼泽湿地类型多样的地区。它既有起源于水体形成的湖滨滩地沼泽、古河道沼泽，也有起源于陆地形成的阶地沼泽和山前洼地沼泽等类型，占面积0.1%的湿地的生态服务价值占2.0%。占青藏高原总面积37.5%的荒漠生态系统的生态服务价值贡献率为3.8%。其中，冰川雪被是青藏高原上独特的景观，它分布在东经104°以西至昆仑山西端、北纬27°以北至柴达木盆地和塔里木盆地南缘的广大高原地区，冰川雪被总面积约65平方千米，尽管冰川雪被区植被稀少，但其蓄水量高达4 000多立方千米，平均年融水量约504亿立方米，在水源涵养方面具有重要价值，它对总生态服务价值的贡献也达到了0.3%。

青藏高原生态系统的分布，自西南向西北出现明显的森林—草甸—草原—荒漠的植被带状更替。生态服务价值与其类型关系最为密切，不同类型生态系统的单位面积生态服务价值表明，青藏高原各类生态系统的生态服务价值相差悬殊，其平均生态系统服务价值为3 661.9元/(年·hm²)，其中，森林、草地、农田、沼泽湿地、湖泊和荒漠的单位面积生态系统服务价值分别为13 462.7、3 512.6、4 341.2、55 488.9、40 676.4和371.4元/(年·hm²)。

本章参考文献

Costanza R, d'Arge R, de Groot R, et al. The value of the world's ecosystem services and nature capital[J]. Nature, 1997(387):253-260.

Leontief W. Quantitative input and output relations in the economic systems of the United States[J]. The Review of Economics and Statistics,1936,18(3):105-125.

Li T Y, Yorke J A. Period three implies chaos[M]//The theory of chaotic attractors. New York：Springer, 2004：77-84.

Mandelbrot B B. The fractal geometry of nature[M]. New York：WH freeman, 1982.

Takens F. Dynamical systems and turbulence [M]//Ran D A, Young L S. Lecture Notes in Mathematics,Berlin：Springer, 1981,893:366-381.

窦春霞.基于混沌神经网络模型的预测控制器的设计及应用[J].系统工程理论与实践2003(08):48-52.

高敏雪.环境统计与环境经济核算[M].北京:中国统计出版社,2000.

关华,赵黎明.基于ARMA模型的我国国内旅游客源预测[J].财经理论与实践,2011,32(03):114-118.

韩瑞玲,佟连军,朱绍华,等.基于ARMA模型的沈阳经济区经济与环境协调发展研究[J].地理科学,2014,34(01):32-39.

何孝星,赵华.关于混沌理论在金融经济学与宏观经济中的应用研究述评[J].金融研究,2006(07):166-173.

雷明.绿色投入产出核算[M].北京:北京大学出版社,2000.

刘耀彬,蔡潇,姚成胜.城市河湖水域生态服务功能价值评价的研究现状与进展[J].安徽农业科学,2010,38(25):13936-13939.

吕晋.武汉市浅水湖泊生态系统结构及其分类研究[D].武汉:华中科技大学,2005.

欧廷皓.基于ARMA模型的房地产价格指数预测[J].统计与决策,2007(14):92-93.

裴辉儒.资源环境价值评估与核算问题研究[D].厦门:厦门大学,2007.

苏汝劼.投入产出分析[M].北京:中国人民大学出版社,2006.

孙慈钧.动态统计指数理论探讨[J].统计研究,2005(2):13-19.

孙翃,王胜,迟嘉昱.基于谱分析的股票市场行业周期波动与投资组合策略[J].金融经济学研究,2016,31(01):117-128.

孙小羽,臧新.中国出口贸易的能耗效应和环境效应的实证分析——基于混合单位投入产出模型[J].数量经济技术经济研究,2009,26(04):33-44.

唐志鹏.中国省域资源环境的投入产出效率评价[J].地理研究,2018,37(08):1515-1527.

王平,陈启杰.基于ARMA模型的我国城乡居民信息消费差距分析[J].消费经济,2009,25(05):3-6.

吴全志.基于ARIMA模型的贵州省水资源生态足迹动态变化和预测分析[D].郑州:华北水利水电大学,2017.

谢高地,鲁春霞,冷允法,等.青藏高原生态资产的价值评估[J].自然资源学报,2003(02):189-196.

谢高地,张彩霞,张雷明,等.基于单位面积价值当量因子的生态系统服务价值化方法改进[J].自然资源学报,2015,30(08):1243-1254.

徐盈之,彭欢欢.外向型经济与节能减排——基于能源投入产出表的实证研究[J].软科学,2010,24(04):34-38.

闫中晓,贾永飞.基于谱分析的中国科技创新与经济增长周期波动关系[J].科技管理研究,2016,36(09):13-16+50.

姚成胜,朱鹤健,吕晞,等.土地利用变化的社会经济驱动因子对福建生态系统服务价值的影响[J].自然资源学报,2009,24(02):225-233.

张立平,张世文,叶回春,等.露天煤矿区土地损毁与复垦景观指数分析[J].资源科学,2014,36(01):55-64.

张志强,徐中民,龙爱华,等.黑河流域张掖市生态系统服务恢复价值评估研究——连续型和离散型条件价值评估方法的比较应用[J].自然资源学报,2004(02):230-239.

第三章
资源环境溢出模型与案例

第一节　资源环境溢出的分析

一、资源环境溢出的内涵

首先对几个主要概念进行论述说明。

（一）经济外部性

外部性概念由英国古典经济学派代表、剑桥学派的创始人马歇尔提出,他在 1890 年出版的《经济学原理》中指出,可以把因任何一种货物的生产规模之扩大而发生的经济分为两类:第一是有赖于该产业的一般发达所形成的经济;第二是有赖于某产业的具体企业自身资源、组织和经营效率的经济(Marshall,1920)。可把前一类称作"外部经济"(External Economics),将后一类称作"内部经济"(Internal Economics)。

尽管关于外部性的研究已经非常丰富,但是对其定义还未形成一致共识。目前学术界关于外部性的权威定义主要有如下几种。萨缪尔森认为:"生产和消费过程中当有人被强加了非自愿的成本或利润时,外部性就会产生。更为精确地说,外部性是一个经济机构对他人福利施加的一种未在市场交易中反映出来的影响。"马歇尔和庇古在20世纪初指出,外部性是指"两个当事人缺乏任何相关经济交易的情况下,由一个当事人向另外一个当事人提供的物品束。"综上可知,虽然学术界对外部性的定义仍然存在分歧,但至少在以下几点核心内容上的观点较为一致。第一,外部性是一种人为的活动,如果是非人为事件造成的影响,那么无论它给人类带来的是损失还是收益,都不能被看作是外部性;第二,外部性应该是在某项活动的主要目的以外派生出来的影响,是不同经济个体之间的一种非市场联系(或影响),这种联系往往并非有关方面自愿协商的结果,或者说并非一致同意而产生的一种结果;第三,外部性有正有负或为零,外部性包括对生态环境等与社会福利有关的一切生物与非生物的影响。

鉴于此,本章尝试将经济外部性定义为:某个经济主体的行为影响了其他经济主体的福利,但是没有相应激励机制或者约束机制使产生这种影响的经济主体在决策时充分考虑这种对其他经济主体施加的影响。其中,若某经济主体的活动为社会上其他成员带来福利改善,却并不会因为提供了这种好处而得到报酬,此种外部性叫作外部效益或者正外部性,反之则被称为外部成本或负外部性。当然,仅局限于这个一般性的定义可能还不能够全面认识外部性,应更深入地了解外部性的经济内涵。

(二) 资源外部性

资源外部性的概念起源于对经济增长的研究。根据现代经济增长理论,土地、劳动、资本和人力等要素是经济增长的主要投入品,而日益严重的资源约束并未得到足够的重视。具体而言,在研究经济增长时,通常假定所有生产要素投入是无穷的,或总有其他替代品。但是,若生产要素中包含不可再生的自然资源,这一假定不再有效。大部分能源资源,如煤炭、石油、天然气等,都是不可再生的。在储量既定且无替代资源的情况下,一种不可再生能源资源的开采及使用必然要考虑其最终枯竭的可能,即:对可耗减资源的开采利用有未来的机会成本,也就是资源耗减成本或资源外部性成本。随着资本的不断积累和劳动力投入的增长,有限的自然资源必将日益稀缺。在现有技术可行域下,可以通过使用更多资本和劳动来替代日益稀缺的自然资源,在现有技术下要素替代达到极限后,自然资源必将成为经济增长的瓶颈。由于不可再生性和稀缺性,在开发和利用不可再生资源时,不仅应考虑它当前的经济价值,而且要考虑对未来可持续发展的影响,即资源耗减成本。时间安排和开发计划不同,资源耗减成本也不相同。

资源耗减的外部性不仅会降低当代人的福利,更会降低后代人的福利。解决资源外部性必须正确认识到:外部性源于市场在资源配置上的失灵,因此修正外部性的关键在于政府如何解决市场失灵问题。如果政策不当,市场会进一步扭曲,从而放大外部性问题。因此,对于中国这类经济转型国家,确立以市场为主、政府为辅的资源战略是解决外部性问题的重点。越来越多的经济学家和政府政策机构开始关注如何减少资源耗减的速度,致力于设计合适的政府管制措施。在保证市场有效运行的前提下,政府应该尽量使用经济手段来解决资源外部性问题,其中,资源税是解决资源耗减的重要经济手段。当前,人们已经深刻认识到要合理有效地开采利用资源,从而保证资源和经济的可持续发展。

因此,本书将资源外部性定义为:资源的不可再生性导致的资源耗减成本,影响到下一代对资源的利用,由此引发的代际潜在的资源争夺现象。

(三) 环境外部性

环境外部性是指生产经营等活动对环境造成了影响,但这类活动的主体并未对这部分影响负责,而受影响者也未得到补偿,从而造成的外部性问题。目前,国内外学术界对环境外部性的研究已经发展到一定阶段并取得一定成果,并由此引出了由联合国国际会计和报告准则政府间专家工作组在 1998 年通过的《关于环境会计和报告的立场公告》中关于环境成本定义:"本着对环境负责的原则,为管理企业活动对环境造成的影响而被要求采取的措施的成本,以及因企业执行环境目标和要求所付出的其他成本"。本书接下来关于环境外部性的研究主要是基于上述环境成本定义。

具体而言，企业为了降低环境污染而减少向外界排放污染物和废弃物，以及为了恢复环境而对之前生产过程中排放的污染物和废弃物进行处理等所支出的成本都属于环境成本。但企业由于违反相关的法律规定而向政府部门缴纳的罚款、赔偿等则不在上述定义的环境成本范围内，而是与环境相关的成本。

根据上述环境成本的定义，环境成本具有下述几个特点。

（1）成本核算周期更长。传统的成本核算仅仅是针对生产过程所发生的费用，并不涉及产品的研究开发以及售后费用。但是，在产品的环境成本核算中，要对产品从设计直到退出市场的整个生命周期阶段所发生的符合环境成本定义的费用进行核算。

（2）费用较高且持续增加。随着环境问题的日益严重，人们的环保观念也日益增强，使得环境问题的制造者不得不承担相应的环保责任，从而支出巨额的环境成本。同时，政府部门根据当前环境状况，不断制定更加完善的环保法律法规，并日趋严格地执行这些规定，且社会公众对良好的环境质量也越来越关注，这些都将导致企业所承担的环境成本持续增加。

（3）发生时点具有不确定性。传统的成本往往较为平均地分布在产品的各个生产过程中，但环境成本并非如此，而是具有偶发性或突发性。例如，购买某一环保设备所需的支出、因某一突发的环境事故所需支付的对环境的补偿修复支出等。

（4）具有很高的潜在成本。有时候，企业的生产经营活动周期较短，对环境的影响在短期内并不明显，但随着生产经营活动的不断开展，其对环境的影响逐渐凸显，因此需要企业支付相应的环境成本，且这部分环境成本随着生产经营活动的进行而不断增加。

综上分析，本书将研究中的环境外部性定义为，围绕资源开发利用等开展的生产经营活动对环境造成的影响，但这类影响并未纳入资源产品的价格中，且主体开发者也未对造成的环境影响负责，而受影响者也未得到补偿。

（四）空间溢出效应

非均衡性是经济活动在空间维度上的显著特征，它与经济活动逐利的本质共同驱动生产要素和经济活动本身在空间上的流动。这种流动虽然遵循地理学第一定律,但往往跨越各种阻隔,形成普遍存在的经济活动空间关联,即空间交互作用,它是影响区域经济发展的重要因素,学者们也更习惯于从经济学的角度称之为空间溢出效应(Spatial Spillover Effect)。研究空间溢出效应对于把握经济要素的空间流动规律以及区域经济发展的空间格局演变和趋势具有重要意义,能够为促进区域经济合作和经济一体化建设提供科学依据。

综上,本书认为空间溢出效应是一个与外部性类似的概念。外部性从作用范围上可以分为地理外部性、产业外部性和时间外部性。空间溢出效应可以归属于地理外部性的一部分,它与直接影响对应,认为地缘相近的区域将通过相互的协同作用,实现空间上的规模效应,强调的是一个区域的经济发展对其他区域经济发展的带动作用。

本章主要以产业为研究对象,从外部性的视角,对资源环境框架下的产业溢出进行介绍,并将资源环境溢出的渠道概括为以下三类:第一类是同一产业内的溢出或横向溢出,第二类是不同产业间的溢出或纵向溢出,第三类是区域范围内全部产业的空间溢出。

资源环境的横向溢出效应这一概念在学界比较模糊,本章认为:资源环境相关产业内的企业进行交流存在一定的成本,企业离得越远,其交流成本越高、交流频率越低;而溢出效应的存在可以降低交流成本、提高交流频率,这无形之中促进了资源环境相关产业内技术的扩散与发展。因此,本章尝试给横向溢出下定义:横向溢出效应是指资源环境相关产业内每个企业在每一次资源开发利用过程中,都会向同产业的其他企业传递一种促进生产效率提高的信息,它涵盖着企业间的学习竞争效应、共同要素市场效应,以及示范效应等。

依据溢出方向的不同,纵向溢出效应又可以进一步细分为前向关联溢出效应和后向关联溢出效应。前向关联溢出效应是指一个资源开发企业在生产、产值、技术等方面的变化引起其前向关联部门在这些方面的变化或导致新技术的出现、新产业部门的创建等,进而向上游产业或下游产业产生知识技术溢出的过程,以及对周边环境造成的影响。后向关联溢出效应又称后向连带效应,与前向关联效应相对而言,是指资源开发企业在生产、产值、技术等方面的变化引起其后向关联部门在这些方面的变化,进而影响到上下游产业发展及其周边环境的过程。

资源环境的空间溢出效应强调的是一个区域的经济发展对其他区域经济发展的带动作用。由于经济活动的逐利本质与其非均衡性的存在,各经济活动和生产要素之间具有普遍的空间关联特性,也即空间交互作用。它是影响区域经济发展的重要因素,学者们也更习惯于从经济学的角度称之为空间溢出效应。

二、资源环境溢出的特征

(一)多向性

资源环境不仅在产业间和产业内存在显著的溢出,还在空间上存在明显的外溢。具体而言,资源产业的开发为上游产业提供了原材料和能源,为下游企业提供了中间投入和动力。产业间的密切联系为上游产业获得来自资源产业的知识技术溢出提供了条件,同时还对下游产业形成了创新压力和示范效应,并影响到周边环境,形成产业间溢出效应。此外,资源企业为了追求外部规模经济,通常倾向于集聚式发展,由此形成专业化外部性溢出。同一产业在地理上集聚可以极大地降低企业间的交易成本,并通过贸易和员工间的交流产生明显的知识溢出,形成产业内溢出。特别值得关注的是资源环境的空间溢出,由于资源环境禀赋在空间分布上存在巨大差异,初始禀赋较好的地区很容易借助资源环境优势迅速发展成为经济增长快速区。伴随着时间的推移,经济增长的"核心—外围"结构逐渐成形。由于不同地区间的经济增长势能存在显著差异,不同资源环境禀赋的地区间出现了多重流体变换,从而形成了资源环境的空间溢出。

(二)非对称性

资源环境溢出本质上是正负外部性博弈的结果,当发出方所获得的私人收益小于社会收益时,资源环境溢出效应为正外部性,反之,则为负外部性。

然而,这种博弈在时间上是一个动态变化的过程。因此,从时间维度上来讲,资源环境溢出效应是正还是负,与该阶段的地区经济发展情况、资源环境实际进展以及技术水平等因素密切相关,可能存在时间上的非对称性特点。此外,由于资源环境分布在空间上存在明显的差异,不同地区的资源环境发展水平也明显不同。因此,资源环境溢出在空间存在显著的非均衡分布格局。二者在相同阶段相同地区或不同阶段不同地区从来都是相辅相成、不可分割的,从而形成了空间非对称性特点。

(三) 区域性

不同地区间资源禀赋和环境条件存在巨大差异,导致资源种类和储量、环境质量都存在显著的地区差异。资源环境溢出的属性和强弱不仅与资源种类及储量相关,还与地区环境条件息息相关。全国各地的资源格局及环境状况的巨大差异,一直被学界和政府高度关注。因此,未来关于资源环境的溢出也应该密切关注到这种区域性的系统差异,识别资源环境溢出在区域格局中存在的异质性特征。只有正确辨析资源环境效应的异质性格局,才能做出科学判断,制定符合地方实际情况的差异化策略。

三、资源环境溢出框架的解析

在产业结构的专业化、多样化以及产业环境对全要素生产率的影响机制中,本书认为存在这样一条作用过程:资源环境的溢出起始于其对应的产业结构带来的产业间、产业内的外部性;扩散于进一步由知识和技术等带来的产业内、产业间和空间上的溢出效应;升华于形成一定规模的资源环境溢出;并循环往复这一过程。也即:资源环境溢出→产业结构的外部性→知识、技术溢出→资源环境溢出→……据此本章提出以下技术路线图(见图3.1)。

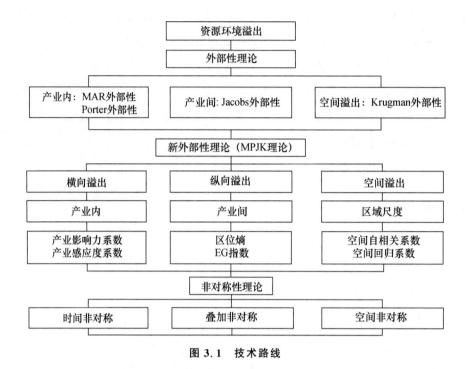

图 3.1　技术路线

　　其中新外部性理论(MPJK 理论)是指综合 MAR 外部性、Porter 外部性、Jacobs 外部性与 Krugman 外部性的理论体系,其主要观点为:① "M"强调同一产业内部的技术与知识的流动与溢出,尤其是区域垄断更能促进技术进步、创新及经济增长;"P"强调产业内的高度竞争更能促进企业创新与增长,提高全要素生产率。据此引发产业内的横向溢出。② "J"认为产业的多样化对于技术、创新等有积极影响,高竞争市场更能促进技术进步。据此引发产业间的纵向溢出。③ "K"依据收益递增思想,提出空间上的接近能引起要素禀赋的集聚,并带来更低的成本与更高的收益。据此引发区域内的空间溢出。

(一)资源环境溢出下"M"和"P"的作用机制

　　MAR 外部性认为,保持同一产业的专业化聚集,实现资本、资源及劳动力集中于同一产业,有利于形成专业的产业网络架构,例如形成专业的人才市场、配套基础设施等,利于促进同一产业的不同企业间的交流合作,减少不必要的成本。同时,由于劳动力的充分流动性的存在,不同企业之间可以比较容易地完成技术与知识的交流,企业之间的技术与思想能以较低的交易成本形成溢出。

综上所述,如图 3.2 所示,资源环境溢出在产业间首先从相同或类似技能的劳动力市场共享、同一产业内部的中间品共享以及企业集聚之间的知识溢出效应三个方面体现 MAR 外部性。再由于某地区同一产业内大量企业集聚吸引大量拥有相似技能的劳动力,形成一个专门的劳动力池;同时,同一行业的集聚也会对某些特定的中间产品产生巨大的需求,引起大量相关投入品生产商或供应方入驻;同一产业内部大量企业的集聚,劳动力共享带来知识与技术的充分流动,使得整个区域内各个企业彼此之间会互相学习,产生知识溢出,促进新技术的产生,但是也要防止产业专业化带来的拥挤效应。最后通过这些效应再次作用于资源环境领域并循环这一过程,形成进一步的溢出效应。

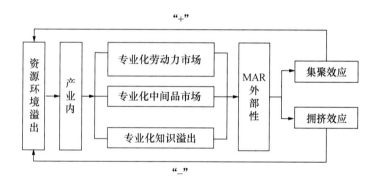

图 3.2　资源环境溢出下 MAR 外部性的作用机制

Porter 外部性认为,同一产业的集聚必然会使企业为争夺市场、获取高额利润而发生激烈的竞争。为在竞争中拔得头筹,企业不得不将目光投向改善效率、提高技术水平或进行创新。同时企业会不断进行管理等方面的制度改善,减少不必要的资源浪费,在相同的技术水平下实现产出不断向最大产出逼近,提高技术效率,于是企业间的竞争压力便形成了企业持续发展的动力。但不排除过度竞争的存在,由于进入过多以及退出限制,全行业的低利润甚至负利润状态长期地持续下去,不利于行业的可持续发展。

如图 3.3 所示,产业的 Porter 外部性则主要通过资源环境的市场竞争机

制来降低整个经济部门的交易成本,进而促进资源环境溢出。主要表现为:
① 价格竞争效应。资源产业的开发集聚必然会增强资源企业的市场竞争程
度,而同行业的市场竞争更会推动资源企业通过降低服务价格来获取更多的
市场需求。资源开发企业的竞争水平会通过涟漪效应或投入产出关系影响下
游企业对中间投入品的成本、种类和品质的选择。② 差异化竞争效应。一是
在服务特征均衡化的条件下,生产性服务业企业提高服务水平能获得更大的
市场需求。二是高质量和专业化的资源开发企业有利于降低下游企业的交易
成本,这不仅能提高下游企业的生产率,还能促进下游企业将优势资源集中在
比较优势环节,从而推动整个产业的外溢和环境外部性的产生。

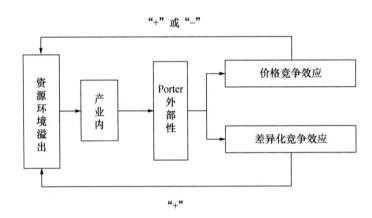

图 3.3 资源环境溢出下 Porter 外部性的作用机制

(二) 资源环境溢出下"J"的作用机制

Jacobs 外部性强调同区域内不同产业的集聚所带来的多样化,即产业间
的技术溢出被视作技术进步、技术创新的重要源泉之一。由于不同行业间技
术流动的存在,某一行业的技术进步将带动其他行业的互补性技术创新,形成
一个互惠产业链条。例如目前"互联网＋"盛行,许多传统行业与互联网交叉,
充分发挥互联网的作用,将互联网的技术创新成果融入传统行业中,使传统行
业的操作更为现代化、技术化。

产业多样化可以获得多样化劳动力市场外部性,多样化的产业格局培养

出多样化劳动力人才。具有不同专业背景的人相互交流与合作更易于产生新思想、新技术,即创新行为人的交流外部性。多样化的区域内,不同类型的创新者面对面的交流易于实现,增加了不确定知识的溢出,从而获得交流外部性。同时,多样化劳动力市场的环境有利于培养出多种类型的科研机构与研发团队,增大了跨学科团队合作研究的可能性,这也是产业多样化的区位优势之一。

综上,如图 3.4 所示,Jacobs 外部性主要强调多样化的产业结构可以促进知识与技术的拓展,某产业的厂商可以通过多样化的产业环境吸收其他产业的大量知识、技术与思想,并加以利用,从而促进技术进步,实现创新。多样化的产业结构形成了多样化的劳动力市场和中间品市场,而这些多样化的产业集聚,促进了企业间的知识交流、技术扩散与模仿,企业正是通过吸收不同产业的技术思想交流,产生知识和技术溢出,从而带动资源环境的溢出,同样也要防止产业多样化存在的拥挤效应。

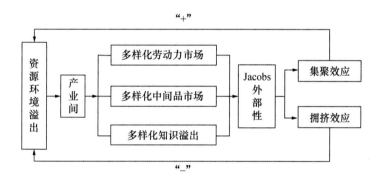

图 3.4　资源环境溢出下 Jacobs 外部性的作用机制

(三) 资源环境溢出下"K"的作用机制

Krugman 外部性以收益递增作为理论基础,并通过区位集聚中的路径依赖现象,来研究经济活动的空间集聚。在空间集聚的过程中,收益递增是指经济上相互联系的产业或经济活动,由于在空间上的相互接近性而带来的成本的节约,或者是产业规模扩大而带来的无形资产的规模经济等。Krugman 认为收益递增本质上是一个区域和地方现象。空间聚集是收益递增的外在表现形式,是各种产业和经济活动在空间集中后所产生的经济效应以及吸引经济活动向一定区域靠近的向心力。

如图3.5所示，产业的Krugman外部性则主要通过资源环境的"极化效应"与"涓滴效应"促进区域协同发展，进而促进资源环境溢出。主要表现为：一方面，资源产业倾向于布局在原料产地，也就是说，为了节约运输成本，大量资源开发企业会围绕原料产地集聚，从而形成了资源型产业集聚区。在集聚成长期内，资源集聚区企业通过成本优势和技术优势不断吸收周边城市的资源要素，受路径依赖和原始禀赋的影响，资源集聚区对周边地区形成了强大的"极化效应"。另一方面，当资源集聚区发展到一定程度后，集聚效应可能会转变为拥挤效应。因此，资源集聚区为了自身的高质量转型发展，倾向于向周边地区开始输送一批次级产业或竞争力稍差的企业，从而对周边地区的资源环境形成有效溢出。

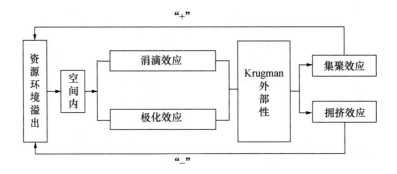

图 3.5　资源环境溢出下 Krugman 外部性的作用机制

第二节　资源环境溢出模型与案例

前面分别介绍了资源环境溢出的相关概念、理论、特征、机制框架等，本节将重点对资源环境溢出的相关模型进行分类介绍。

一、资源环境水平溢出模型与案例

（一）模型分类与梳理

本节将着重基于产业影响力系数和感应度系数对水平溢出效应进行分析。产业影响力系数和感应度系数是分析产业部门属性的两个重要指标。影响力系数是测度某产业最终需求增加对各产业部门产生的生产波及效果相对于全行业平均值强弱程度的指标。感应度系数是测度第 i 产业受到的需求感应效果相对于全行业平均值的强弱程度。

（二）模型介绍

影响力系数（F_j）和感应度系数（E_i）公式为：

$$F_j = \frac{\sum_{i=1}^{n} \bar{b}_{ij}}{\frac{1}{n}\sum_{i=1}^{n}\sum_{j=1}^{n} \bar{b}_{ij}}, \quad E_i = \frac{\sum_{j=1}^{n} \bar{b}_{ij}}{\frac{1}{n}\sum_{i=1}^{n}\sum_{j=1}^{n} \bar{b}_{ij}}, \quad i,j = 1,2,\cdots,n \quad (3.2.1)$$

其中 $\sum_{i=1}^{n} \bar{b}_{ij}$、$\sum_{j=1}^{n} \bar{b}_{ij}$ 分别为里昂惕夫逆矩阵得到第 j 列之和与第 i 行之和；$\frac{1}{n}\sum_{i=1}^{n}\sum_{j=1}^{n} \bar{b}_{ij}$ 在式(3.2.1)分母中表示里昂惕夫逆矩阵列和与行和的平均值。

影响力系数大于1,说明产业对其他产业的拉动效应和辐射大,多为原材料投入比例大的制造业部门。影响力系数小于1的产业多为原材料部门。感应度系数大于1的产业一般是易受其他产业影响的中间需求型产业部门,这些产业往往也是对于其他产业发展制约程度高的基础产业,如农业、交通运输业,以及商业服务业等。感应度系数小于1的产业,往往是最终需求型产业部门,如轻工业等。影响力系数和感应度系数均大于1的是中间需求型制造业,这类产业多为对国民经济带动作用大同时对经济发展制约也大的产业。影响力系数大、感应度系数小的是最终需求型制造业;影响力系数小、感应度系数大的是中间需求型原材料产业;影响力系数和感应度系数均小的是最终需求型产业，也有加工程度低的原材料部门。

二、资源环境垂直溢出模型与案例

（一）模型分类与梳理

本章认为，某行业上下游行业的集聚都会对该行业产生正的外部性，提高该行业企业的生产率。这里的上游行业是指生产本行业产品所需投入品的行业，而下游行业是指在生产过程中使用本行业产品的行业。

通常用两种方法来考察生产率的影响因素：一是首先使用计量方法估算出行业或企业的生产率，然后再考察估计出来的生产率与相关因素之间的关系。二是直接利用生产函数来说明相关变量对生产率的影响。在第一种方法中对生产率的估计会随方法的不同而呈现较大差异，且估算过程中会损失一些信息，可能导致结果偏误。尽管第二种方法不那么直观，但根据生产函数的表达式也能说明各因素与生产率的关系，而且直接利用已有信息，可以避免第一种方法出现的问题。因此，现今的研究多采用后一种方法来考察集聚对生产率的影响。在此基础上，本章进一步认为，某行业上下游行业的集聚都会对该行业产生正的外部性，提高该行业企业的生产率，也即产生正向的垂直溢出效应。

（二）模型介绍

利用生产函数来考察集聚对生产率的影响，假设生产函数具有规模报酬约束的柯布-道格拉斯生产函数形式，即：

$$Y_{ijkt} = A_{ijkt}L_{ijkt}^{\alpha}K_{ijkt}^{\beta} \tag{3.2.2}$$

其中，Y_{ijkt} 表示地区 k 行业 j 的企业 i 在 t 时期的增加值；A_{ijkt}、L_{ijkt}、K_{ijkt} 分别对应的是企业生产率、劳动投入量和资本投入量。规模报酬假设要求 $\beta+\alpha=1$。将式（3.2.2）两边同取对数，得：

$$\ln Y_{ijkt} = \ln A_{ijkt} + \alpha\ln L_{ijkt} + \beta\ln K_{ijkt} \tag{3.2.3}$$

若以 AG_{jkt} 表示企业 i 所属行业 j 在地区 k 的集聚水平，FAG_{jkt} 表示企业 i

所属行业 j 的上游行业在地区 k 的集聚水平，BAG_{jkt} 表示企业 i 所属行业 j 的下游行业在地区 k 的集聚水平，则生产率的对数可以进一步写成如下形式：

$$\ln A_{ijkt} = \gamma_1 \text{AG}_{jkt} + \gamma_2 \text{FAG}_{jkt} + \gamma_3 \text{BAG}_{jkt} + X_{ijkt} \qquad (3.2.4)$$

式 (3.2.4) 中的 X_{ijkt} 包括影响企业生产率的可观测变量、不可观测且不随时间变化的变量 (δ) 以及随机扰动项 (ε)。根据已有研究，这里的可观测变量包括企业年龄 (Age)、负债率 (Debt)、出口水平 (Export) 等。企业年龄越大，意味着企业在市场上的竞争力越强以及从过去经验中积累的知识和技术越多，生产率将越高，因而预期该变量前的系数为正。负债率越高的企业研发等创新活动受到资金约束的程度就越大，从而越不利于生产率的提高，预期该变量前的系数为负。企业出口与企业生产率有着密切联系，出口企业在参与国际活动中学到更多技术和管理经验，从而生产率将会更高。由于集聚对生产率的影响还可能与企业规模相关，在可观测的变量中，本书还包含了各集聚变量与企业规模的交互项，交互项中的企业规模借鉴 Lin 等 (2011) 的做法，用企业劳动投入的对数来表示。将式 (3.2.4) 代入式 (3.2.3) 得到本书的最终估计方程：

$$\begin{aligned}
\ln Y_{ijkt} = {} & \gamma_1 \text{AG}_{jkt} + \gamma_2 \text{FAG}_{jkt} + \gamma_3 \text{BAG}_{jkt} + \gamma_4 \text{AG}_{jkt} \times \ln L_{ijkt} + \gamma_5 \text{FAG}_{jkt} \times \ln L_{ijkt} \\
& + \gamma_6 \text{BAG}_{jkt} \times \ln L_{ijkt} + \gamma_7 \text{Age}_{ijkt} + \gamma_8 \text{Debt}_{ijkt} + \gamma_9 \text{Export}_{ijkt} \\
& + \alpha \ln L_{ijkt} + \beta \ln K_{ijkt} + \delta_{ijkt} + \varepsilon_{ijkt} \qquad (3.2.5)
\end{aligned}$$

(三) 模型应用案例

本部分主要是参考胡翠等 (2014) 关于中国制造业企业垂直溢出效应的部分。

本章使用的样本数据来自"中国全部国有及规模以上非国有工业企业数据库"，时间跨度为 1999—2007 年。为了剔除价格的影响，本书用各地区工业品出厂价格指数对工业增加值进行价格平减，用固定资产投资价格指数对资本进行价格平减，平减指数均来自"国研网数据库"。表 3.1 给出了主要变量的描述性统计结果。

本章使用 Ellison 和 Glaeser 提出并被后来研究者们广泛使用的 EG 指数

来衡量行业的集聚水平。该指数的一个重要特征是同时考虑了行业集聚程度和企业集中度。

表 3.1　主要变量的描述性统计

变量	变量名称	观测值	均值	标准差	最小值	最大值
工业增加值	$\ln Y$	1 050 294	8.772	1.357	1.609	17.429
企业年龄	Age	1 050 294	8.754	8.675	0.000	59.000
负债率	Debt	1 050 294	0.552	0.245	0.010	0.950
出口水平	Export	1 050 294	0.440	0.982	0.000	4.000
劳动投入	$\ln L$	1 050 294	4.799	1.100	2.303	11.972
资本投入	$\ln K$	1 050 294	8.480	1.616	2.304	18.046

设 k 代表省；r 为 k 省管辖的行政区域单位，根据数据库中企业所对应的地址码信息，行政单位 r 可以分别为镇、县或市，本章基本结果中用 r 衡量乡镇的集聚水平，稳健性检验中用 r 衡量县和市的集聚指标；j 代表行业，受构建上下游行业集聚指标的信息限制，本章的行业都定义在工业数据库中二分位行业代码基础上。记行业 j 在地区 k 的 EG 指数为 AG_{jk}，其计算公式为：

$$AG_{jk} = \frac{\sum_{r \in k} (s_{jr} - x_r)^2 - \left(1 - \sum_{r \in k} x_r^2\right)\sum_{i \in j,k} z_{ij}^2}{\left(1 - \sum_{r \in k} x_r^2\right)\left(1 - \sum_{i \in j,k} z_{ij}^2\right)} = \frac{G_{jk} - \left(1 - \sum_{r \in k} x_{rt}^2\right)H_{jk}}{\left(1 - \sum_{r \in k} x_r^2\right)(1 - H_{jk})}$$

(3.2.6)

其中，s_{jr} 是区域 r 行业 j 的就业人数占该省行业 j 的就业总人数的比重；x_r 为区域 r 就业人数在 k 省就业总人数中所占的比重；$\sum_{r \in k} (s_{jr} - x_r)^2 = G_{jk}$ 是 k 省行业 j 的基尼系数；z_{ij} 是行业 j 企业 i 的职工人数占本行业在 k 省就业总人数的比重；$H_{jk} = \sum_{i \in j,k} z_i^2$，$H_{jk}$ 是行业在地区的赫芬达指数。如果 AG_{jk} 大于 0，说明行业 j 在 k 省的集聚程度超过了行业 j 的企业集中度，也就是说现实中行业 j 在 k 省集聚超过了随机选择可能产生的行业区域集聚程度。表 3.2 给出了 r 分别定义为镇、县和市时历年各行业集聚程度算术平均值的变动情况。

从 EG 指数的走势来看，当 r 定义为镇时，各行业各地区 EG 指数的平均值在 2000 年稍有下降，随后开始逐步上升，到 2005 年达到最大值。虽然相对于 2006 年有所上升,但 2007 年的指数仍然没有恢复到 2005 年的水平。以县或市为单位计算时,虽然 EG 指数均值的绝对值大小略有不同,但其变化趋势却基本一致。1999—2007 年各级(镇、县、市)的行业集聚水平均呈现整体上升趋势,其中市级的集聚水平增长速度最快、增长幅度最大。

表 3.2　各行业集聚程度均值变动情况

r	1999	2000	2001	2002	2003	2004	2005	2006	2007
镇级	0.018	0.009	0.011	0.013	0.018	0.024	0.028	0.025	0.026
县级	0.018	0.009	0.016	0.019	0.029	0.030	0.035	0.034	0.034
市级	0.000	−0.012	0.005	0.008	0.018	0.040	0.040	0.043	0.043

衡量垂直关联行业集聚水平的指标基于 EG 指数并结合投入产出的信息得到。从投入产出的角度来看一个企业的投入品可能来自不同的行业,同时其产出品也为其他很多行业所用。因而,属于该企业上游和下游的行业有很多。借鉴 Javorcik(2004)衡量上下游行业外资的方法来计算某一企业上下游行业的集聚水平。如果记企业 i 所属行业 j 在地区 k 上游行业的集聚水平为 FAG_{jk},δ_{jm} 为行业 j 使用行业 m 的产品产值在行业 j 总产值中所占比重,则 FAG_{jk} 的计算公式可表述为:

$$\mathrm{FAG}_{jk} = \sum_{m,\, m \notin j} \delta_{jm} \mathrm{AG}_{mk} \tag{3.2.7}$$

此外,如果将企业 i 所属行业 j 在地区 k 下游行业的集聚水平记作 BAG_{jk},α_{jm} 为行业 j 被行业 m 使用的产品产值在行业 j 总产值中所占的比重,则 BAG_{jk} 的计算公式可表述为:

$$\mathrm{BAG}_{jk} = \sum_{m,\, m \notin j} \alpha_{jm} \mathrm{AG}_{mk} \tag{3.2.8}$$

式(3.2.7)和式(3.2.8)中的 AG_{mk} 都为行业 m 在地区 k 的 EG 指数。

表 3.3 给出了历年各行业的上下游行业集聚程度算术平均值的情况。当集聚指标中的 r 为镇时,上游行业集聚程度的均值最低为 0.003,最高为 0.009。下游行业集聚程度的均值最低为 −0.001,最高为 0.007。

表 3.3　各行业的上下游行业集聚程度均值变动情况

	r	1999	2000	2001	2002	2003	2004	2005	2006	2007
镇级	FAG_{jk}	0.005	0.003	0.003	0.003	0.005	0.007	0.009	0.008	0.008
	BAG_{jk}	−0.001	0.001	0.001	0.003	0.003	0.006	0.007	0.006	0.006
县级	FAG_{jk}	0.005	0.003	0.005	0.005	0.009	0.009	0.010	0.010	0.011
	BAG_{jk}	0.001	0.001	0.003	0.005	0.007	0.008	0.009	0.009	0.008
市级	FAG_{jk}	0.004	−0.001	0.004	0.002	0.006	0.012	0.012	0.011	0.013
	BAG_{jk}	0.001	0.000	0.004	0.006	0.008	0.011	0.012	0.014	0.014

模型检验结果如下：

表 3.4 展示了有约束条件的面板数据固定效应(FE)和随机效应(RE)估计结果。其中本行业集聚指标和构造上下游行业集聚指标中所需要的 AG 都以镇计得到。第 1 列和第 2 列(从估计结果开始计,下同)仅控制了出现在式(3.2.5)中的变量。由于行业与行业之间存在较大差异,不对这种差异进行控制可能导致结果不合理,为此进一步控制了行业的固定效应,结果为第 3 列和第 4 列。胡翠等(2014)在基本回归方程中加入本行业集聚水平的二次项 AG_{jk}^2 进行估计,以检验本行业集聚与生产率的关系可能呈非线性。结果为第 5 列和第 6 列。Hausman 检验结果显示对于各组而言,固定效应的估计结果都要优于随机效应。

根据较优的估计结果,集聚水平对企业生产率的影响表现为三方面:首先,不管是否加入行业的虚拟变量,AG 的估计系数都为正,并且在 1% 的水平上显著。这意味着本行业的集聚程度越高,企业生产率也越高。从第 3 列的估计结果可以看出,本行业集聚水平每增加 0.01,将使企业增加值提高约 2.31%。其次,根据较优的固定效应估计结果,尽管 AG 二次项的估计系数为负但并不显著。这一估计结果表明生产率与其所在行业集聚程度并不存在非线性的关系。造成这一结果的可能原因是,某些行业集聚程度较低,还没有达到不利于生产率的水平,其对生产率的正向影响抵消了高集聚行业的负向影响。最后,BAG 和 FAG 的估计系数也都显著为正。第 3 列的估计结果表明,上游行业集聚水平每增加 0.01,将使企业增加值提高约 7.60%;下游行业集聚水平每增加 0.01,将使企业增加值提高约 10.13%。这意味着配套产业的发展的确有正的外部性,能够促进企业生产率的提高。由于上游或下游行业集聚程度的提高有利于其下游或上游企业的生产率增加,因而,行业垂直关联也是影响集聚的重要因素之一。

表 3.4 基本估计结果

	FE	RE	FE	RE	FE	RE	FE	RE
AG	2.321***	2.762***	2.309***	2.930***	2.310***	3.006***	2.309***	2.932***
	(0.113)	(0.102)	(0.113)	(0.101)	(0.113)	(0.102)	(0.113)	(0.113)
$AG \times \ln L$	−0.455***	−0.521***	−0.453***	−0.535***	−0.453***	−0.534***	−0.453***	−0.536***
	(0.021)	(0.019)	(0.021)	(0.019)	(0.021)	(0.019)	(0.021)	(0.019)
AG^2					−0.010	−0.758***		
					(0.071)	(0.067)		
FAG	7.621***	12.972***	7.596***	11.458***	7.596***	11.457***	7.595***	11.463***
	(0.277)	(0.246)	(0.279)	(0.251)	(0.279)	(0.251)	(0.279)	(0.250)
$FAG \times \ln L$	−1.434***	−2.212***	−1.421***	−2.037***	−1.421***	−2.038***	−1.420***	−2.040***
	(0.053)	(0.048)	(0.053)	(0.048)	(0.053)	(0.048)	(0.053)	(0.048)
BAG	10.102***	13.313***	10.134***	13.910***	10.134***	13.894***	10.132***	13.911***
	(0.461)	(0.423)	(0.462)	(0.423)	(0.462)	(0.423)	(0.462)	(0.423)
$BAG \times \ln L$	−2.090***	−2.220***	−2.108***	−2.349***	−2.108***	−2.345***	−2.107***	−2.344***
	(0.090)	(0.083)	(0.090)	(0.083)	(0.090)	(0.083)	(0.090)	(0.083)
Age	0.082***	0.005***	0.082***	0.004***	0.082***	0.004***	0.082***	0.004***
	(0.000)	(0.000)	(0.000)	(0.000)	(0.000)	(0.000)	(0.000)	(0.000)
Debt	−0.051***	−0.055***	−0.051***	−0.063***	−0.051***	−0.063***	−0.051***	−0.063***
	(0.004)	(0.004)	(0.004)	(0.004)	(0.004)	(0.004)	(0.004)	(0.004)
Export	−0.063***	−0.060***	−0.063***	−0.054***	−0.063***	−0.054***	−0.063***	−0.054***
	(0.001)	(0.001)	(0.001)	(0.001)	(0.001)	(0.001)	(0.001)	(0.001)
$\ln L$	0.736***	0.703***	0.736***	0.711***	0.736***	0.711***	0.736***	0.711***
	(0.001)	(0.001)	(0.001)	(0.001)	(0.001)	(0.001)	(0.001)	(0.001)
$\ln K$	0.264***	0.297***	0.264***	0.289***	0.264***	0.289***	0.264***	0.289***
	(0.001)	(0.001)	(0.001)	(0.001)	(0.001)	(0.001)	(0.001)	(0.001)
常数项	2.292***	2.750***	2.316***	3.012***	2.316***	3.012***	2.316***	3.013***
	(0.006)	(0.005)	(0.020)	(0.007)	(0.020)	(0.007)	(0.020)	(0.007)
行业虚拟变量	否	否	是	是	是	是	是	是
Hausman 检验		0.000		0.000		0.000		0.000
R^2	0.251	0.212	0.252	0.211	0.252	0.211	0.252	0.211
观测值	1 050 294	1 050 294	1 050 294	1 050 294	1 050 294	1 050 294	1 050 294	1 050 294

注:括号内为标准差;*** 、** 、* 分别表示在 1%、5%、10% 的水平上显著。

三、资源环境空间溢出模型与案例

（一）模型分类与梳理

测度空间溢出效应的方法主要包括三种。第一，使用空间滞后模型或空间误差模型的回归系数来表示空间溢出效应；第二，使用空间杜宾模型（Spatial Durbin Model，SDM）的自变量空间滞后项体现空间溢出效应；第三，LeSage 等（2009）应用效应分解，将总效应分解为直接效应和间接效应。由于前两种方法没有考虑反馈效应的影响，回归结果可能相较第三种不够准确，因此本节基于 LeSage 等（2009）提出的偏微分法进行实证分析。由于空间统计、空间计量与空间溢出关系密切，本节也会对空间计量的相关知识进行简要介绍，例如空间权重矩阵和空间杜宾模型等。

（二）模型介绍

给出一般空间嵌套模型，
$$Y = (I_n - pW)^{-1}(X\beta + WX\theta) + R, u \sim (0, \delta^2 I) \qquad (3.2.9)$$
因变量的数学期望 $E(Y)$ 对 $N \times K$ 阶 X 中每个元素（对每个解释变量 x_k 的 N 个个体）的偏导数矩阵为：

$$\frac{\partial E(Y)}{\partial x_{1k}} \frac{\partial E(Y)}{\partial x_{Nk}} = \begin{bmatrix} \dfrac{\partial E(Y_1)}{\partial x_{1k}} & \cdots & \dfrac{\partial E(Y_1)}{\partial x_{Nk}} \\ \vdots & \ddots & \vdots \\ \dfrac{\partial E(Y_N)}{\partial x_{1k}} & \cdots & \dfrac{\partial E(Y_N)}{\partial x_{Nk}} \end{bmatrix}$$

$$= (I - pW)^{-1} \begin{bmatrix} \beta_k & w_{12}\theta_k & \cdots & w_{1N}\theta_k \\ w_{21}\theta_k & \beta_k & \cdots & w_{2N}\theta_k \\ \vdots & \vdots & \ddots & \vdots \\ w_{N1}\theta_k & w_{N2}\theta_k & \cdots & \beta_k \end{bmatrix}, \quad k = 1, 2, \cdots, k$$

$$(3.2.10)$$

其中，w_{ij} 是矩阵 W 的原始矩阵，直接效应为 β_k，间接效应为 $w_{ij}\beta_k$。由 LeSage

和 Pace 提出的平均指标法可知,直接效应和间接效应分别是$(I_N-pW)^{-1}\beta_k$的主对角线元素平均值和非主对角线元素平均值,总效应则由平均直接效应加平均间接效应计算得出。

在结合空间杜宾模型后,综合模型如下:

$$Y_t = (I-pW)^{-1}(\tau I)Y_{t-1} + (I-pW)^{-1}(X_i\beta_1 + WX_i\beta_2) + (I-pW)^{-1}\upsilon_t$$

$$(3.2.11)$$

即得到短期直接效应$[(I-pW)^{-1}(\beta_{1k}I_N+\beta_{2k}W)]^{\bar{d}}$,短期间接效应$[(I-pW)^{-1}(\beta_{1k}I_N+\beta_{2k}W)]^{\bar{r}}$,长期直接效应$[(1-\tau)I-pW)^{-1}(\beta_{1k}I_N+\beta_{2k}W)]^{\bar{d}}$,以及长期间接效应$[(1-\tau)I-pW)^{-1}(\beta_{1k}I_N+\beta_{2k}W)]^{\bar{r}}$,其中$\bar{d}$为矩阵对角线原始均值的运算符,$\bar{r}$为矩阵非对角线元素行的平均值运算符。

由于空间溢出模型的变化形式较多,重在应用,因此本节将重点放在模型举例应用中,主要借鉴的是刘耀彬等(2018)的实证研究部分,以期对空间溢出的模型进行更加直观的描述。

(三) 模型应用案例

本部分以环境经济领域广泛应用的 STIRPAT 模型为基础,构建产业集聚与环境污染的计量模型,其表达式为:

$$\ln I_{it} = \ln a_i + \beta_1 \ln C_{it} + \beta_2 \ln P_{it} + \beta_3 \ln A_{it} + \beta_4 \ln T_{it} + \ln \varepsilon_{it} \quad (3.2.12)$$

式中a是模型系数;I、C、P、A、T分别表示环境影响变量、产业集聚度、人口数量、富裕程度和技术水平;β_1、β_2、β_3、β_4分别为产业集聚度、人口数量、富裕程度和技术水平的减排系数。

对于变量可以解释如下:① I是减排效应的代理变量,即环境污染,可以通过选取常见的五类工业污染物的具体指标,并采用熵权法计算环境污染综合指数表征环境污染程度。② C是产业集聚度,选取产值比重指数作为产业集聚水平指标,即各省每年的工业产值占全国总工业产值的比重。③ P是人口总量,采用各省年末常住人口数表示,单位为万人。④ A是富裕程度,一般采用人均 GDP 表示。为消除价格因素影响,以 2000 年为基期,平减得到实际人均 GDP。⑤ T是技术水平,采用各省年末专利授权量表示。

对于空间权重(W)可以解释如下：构建经济距离空间权重矩阵，本章采用该空间权重矩阵的原因是综合考虑地理距离和经济属性的影响。

研究样本为2000—2014年中国各省、自治区和直辖市（因数据缺失，未计算西藏、香港、澳门和台湾）形成的平衡面板数据。其中，各省GDP、年末总人口、年末专利授权量和外商直接投资实际使用额查询自《中国统计年鉴》，工业污染物排放量指标出自《中国环境统计年鉴》，工业增加值数据查询自《中国工业经济统计年鉴》。变量的描述性统计结果见表3.5。

表3.5 变量的描述性统计结果

变量名称	定义	单位	样本数	平均数	标准差	最小值	最大值
环境污染(I)	环境污染综合指数	吨	450	2.0520	0.8280	0.7213	4.4924
产业集聚度(C)	工业产值比重	—	4050	0.0333	0.0291	0.0017	0.1227
人口总量(P)	年末常住人口	万人	450	4400	2600	517	11000
富裕程度(A)	人均实际GDP	元/人	450	8400	8400	264	55000
技术水平(T)	年末专利授权量	项	450	16000	34000	70	270000

Anselin(1988)认为，任何地区的经济单元都不是孤立存在的，而与其周边单元存在一定联系，地理距离越近，其联系越紧密。这意味着相邻地区的产业集聚相互影响，有必要将地理空间效应引入传统的计量回归模型中。LeSage和Pace综合考虑了因变量和自变量的空间依赖性，构建了同时包含因变量空间滞后项和自变量空间滞后项的空间杜宾模型。基于空间面板杜宾模型的优点，在STIRPAT模型的基础上，建立中国产业集聚与环境污染的空间计量模型，即：

$$\ln I_{it} = \alpha + pW\ln I_{it} + \beta_1\ln C_{it} + \beta_2\ln P_{it} + \beta_3\ln A_{it} + \beta_4\ln T_{it}$$
$$+ \theta_1 W\ln C_{it} + \theta_2 W\ln P_{it} + \theta_3 W\ln A_{it} + \theta_4 W\ln T_{it}$$
$$+ \mu_{it} + \varepsilon_{it} \tag{3.2.13}$$

式中β_1、β_2、β_3、β_4分别表示产业集聚度、人口数量、富裕程度、技术水平的弹性系数，θ_1、θ_2、θ_3、θ_4是产业集聚度、人口数量、富裕程度、技术水平四个解释变量的空间滞后项的弹性系数，W是30×30阶的空间权重矩阵，p指本地环境污染与相邻地区环境污染空间相互作用的方向和程度，α是常数，μ_{it}是个体固定效应，ε_{it}是随机误差项。

是否需要在 STIRPAT 模型的基础上加入空间效应,取决于中国省际环境污染、产业集聚度、人口数量、富裕程度、技术水平五个变量是否存在空间自相关性特征。因此,本书采用全局 Moran's I 指数度量各变量的地理分布是否存在空间自相关性(见表 3.6)。从表 3.6 可以看出:① 四个变量的 Moran's I 值在大多数年份都过了显著性检验,表明中国省际产业集聚度、人口数量、富裕程度、技术水平具有明显的空间依赖性,然而,环境污染变量空间依赖性表现不明显。因此,有必要采用空间杜宾模型进一步考察产业集聚与环境污染的关系。② 由于空间杜宾模型同时包含解释变量和因变量的空间滞后项,解释变量空间滞后项会对反馈效应产生影响,所以空间杜宾模型的系数并不能准确反映解释变量对因变量的影响。为了弥补这种缺陷,参考 Lesage 提出的偏微分法,测算因空间依赖而产生的直接效应、间接效应及总效应(见表 3.7)。

表 3.6　变量的空间自相关检验结果

年份	ln$I$	P-value	ln$C$	P-value	ln$P$	P-value	ln$A$	P-value	ln$T$	P-value
2000	0.012	0.095	0.080	0.001	0.033	0.028	0.087	0.000	0.085	0.000
2001	0.017	0.073	0.083	0.000	0.034	0.026	0.088	0.000	0.081	0.000
2002	0.026	0.044	0.086	0.000	0.034	0.025	0.087	0.000	0.086	0.000
2003	0.007	0.123	0.088	0.000	0.035	0.024	0.087	0.000	0.095	0.000
2004	0.008	0.119	0.085	0.000	0.036	0.023	0.087	0.000	0.084	0.000
2005	0.005	0.135	0.084	0.000	0.035	0.024	0.086	0.000	0.088	0.000
2006	0.006	0.126	0.080	0.001	0.035	0.024	0.086	0.000	0.083	0.000
2007	0.002	0.156	0.078	0.001	0.036	0.023	0.087	0.000	0.088	0.000
2008	0.001	0.173	0.074	0.001	0.036	0.022	0.088	0.000	0.098	0.000
2009	0.002	0.150	0.071	0.001	0.036	0.022	0.088	0.000	0.101	0.000
2010	0.001	0.176	0.068	0.002	0.036	0.022	0.088	0.000	0.105	0.000
2011	0.007	0.123	0.066	0.002	0.037	0.021	0.087	0.000	0.114	0.000
2012	0.000	0.165	0.065	0.002	0.037	0.021	0.086	0.000	0.113	0.000
2013	0.004	0.140	0.064	0.002	0.037	0.020	0.085	0.000	0.107	0.000
2014	0.003	0.144	0.063	0.003	0.037	0.020	0.085	0.000	0.110	0.000

为了确定模型的具体形式,分别进行了 Moran's I 检验、LM(Robust)检验、Wald 检验、LR 检验和 Hausman 检验。检验结果显示,Moran's I 在 1% 的

水平上通过了显著性检验。此外，LM(Robust)拒绝原假设，说明模型存在残差空间自相关。同时，根据判别法则，LM(Robust)检验结果都倾向于空间误差模型(SEM)。进一步通过 Wald 检验和 LR 检验来确定空间面板模型的具体形式，结果发现 Wald 统计量和 LR 统计量都在 1% 的显著性水平上拒绝了原假设，且 Hausman 统计量在 1% 的置信水平下显著拒绝原假设。因此，最终选择固定效应空间杜宾模型进行估计。

表 3.7　空间杜宾模型直接效应和间接效应分解

变量	直接效应		间接效应		总效应	
	系数	t 值	系数	t 值	系数	t 值
ln$C$	0.254***	6.870	0.810***	3.350	1.064***	4.290
ln$P$	−0.291***	−3.050	3.349***	4.440	3.059***	4.090
ln$A$	−0.407***	−3.860	−2.881***	−3.520	−3.289***	−3.850
ln$T$	−0.074***	−4.530	−0.027	−0.330	−0.100	−1.390

注：***、**、* 分别表示在 1%、5%、10% 的置信水平显著。

基于空间杜宾模型偏微分方法对溢出效应进行分解(见表 3.7)，总效应可以分解为两部分：一是直接效应即本地效应，表示本区域产业集聚对本地环境污染的影响；二是间接效应即溢出效应，表示本区域产业集聚对相邻地区环境污染的影响。根据表 3.7 的分解结果可知：① 直接效应下的产业集聚系数为 0.254(在 1% 的水平下显著)，即每增加 1 个百分点的产业集聚，本地环境污染增加 0.254%；② 间接效应下的产业集聚系数为 0.810(在 1% 的水平下显著)，即本地每增加 1 个百分点的产业集聚，相邻地区增加 0.810% 的环境污染。可见，产业集聚减排效应存在显著的空间溢出效应，且区域间的溢出要大于区域内的溢出。

产业集聚减排效应之所以存在显著的空间溢出效应，可能存在两个方面的原因：第一，在外部规模经济影响下，本地产业集聚对周边地区起到良好的示范带动作用。周边地区在本地知识与知识溢出的作用下，逐渐模仿学习本地集聚的先进技术、先进管理经验、管理制度等。同时，地区间的激烈竞争也迫使周边地区积极参与到产业集聚活动中来，谋求产业集聚红利，形成新一轮

产业集聚,进而影响到环境污染程度。第二,在外部规模经济的作用下,本地
产业集聚活动陆续渗透到周边地区的经济活动中。受产业关联效应的影响,
本地产业集聚和周边地区的经济活动协作程度逐渐加深,促使本地产业集聚
区内部开始分产业向周边地区转移。由此在周边地区引发一轮新的产业集聚
活动,进而作用于当地环境污染。这说明产业集聚的减排效应确实存在空间
溢出效应。

本章参考文献

Anselin L. Spatial econometrics : methods and models [M]. New York:Kluwer Academic Publishers, 1988.

Bas M. Does services liberalization affect manufacturing firms' export performance? Evidence from India[J]. Journal of Comparative Economics, 2014,42(3):569 - 589.

Costanza R, de Groot R, Farber S, et al. The value of the world's ecosystem services and natural capital[J]. Ecological economics, 1998, 25(1): 3 - 15.

Greenaway D, Kneller R. Exporting and productivity in the United Kingdom[J]. Oxford Review of Economic Policy, 2004, 20(3): 358 - 371.

Javorcik B S. Does Foreign Direct Investment increase the productivity of domestic firms? In search of spillovers through backward linkages[J]. American Economic Review,2004,94(3): 605 - 627.

Ketels C. Recent research on competitiveness and clusters: what are the implications for regional policy? [J]. Cambridge Journal of Regions, Economy and Society, 2013,6(2):269 - 284.

LeSage J, Pace R K. Introduction to spatial econometrics[M]. 1st ed. Washington:Chapman and Hall/CRC. ,2009.

Lin H L, Li H Y, Yang C H. Agglomeration and productivity: firm-level evidence from China's textile industry[J]. China Economic Review, 2011, 22(3): 313 - 329.

Marshall A. Principles of economics [M]. London: Macmillan, 1920.

Quah D T. Empirics for economic growth and convergence[J]. European Economic Review, 1996,40(6):1353 - 1375.

胡翠,谢世清.中国制造业企业集聚的行业间垂直溢出效应研究[J].世界经济,2014, 37(09):77-94.

李兵抗.计及煤电资源环境外部性的电源结构优化研究[D].北京:华北电力大学,2018.

林伟,郝绪跃,高欣佳.中国工业自主创新能力提升的内在机理分析——基于产业外部性的视角[J].广东商学院学报,2012,27(02):13-22.

林伟.中国工业全要素生产率变动的内在机理探析[D].杭州:浙江工商大学,2012.

刘耀彬,袁华锡,封亦代.产业集聚减排效应的空间溢出与门槛特征[J].数理统计与管理,2018,37(02):224-234.

萨缪尔森.经济学:第16版[M].萧琛,等,译.北京:华夏出版社,1999.

孙海兵.农地外部效益研究[D].武汉:华中农业大学,2006.

王玲,涂勤.中国制造业外资生产率溢出的条件性研究[J].经济学(季刊),2008 (01):171-184.

于斌斌.生产性服务业集聚如何促进产业结构升级?——基于集聚外部性与城市规模约束的实证分析[J].经济社会体制比较,2019(02):30-43.

祝树金,于晓路,钟腾龙.我国地区产业多样化、技术创新与经济发展——基于面板数据联立方程模型的研究[J].产经评论,2014,5(06):52-62.

第四章
资源环境空间格局测度模型与案例

第一节　资源环境空间格局测度的分析框架

一、资源环境空间格局的内涵

从中国地域分异研究来看,资源环境要素构成空间格局的各个部分。

陆玉麒(2021)对中国空间格局的规律做出的总结对于资源环境空间格局内涵的把握十分关键。地理学的研究对象是地球表层,在此基础上进行规律性的认知并进一步提炼理论模型,是地理学的学科研究任务。在近代以来的研究过程中,中国人文地理学者从不同角度基本理清了中国的地域分异规律,也进行了一系列的规律认知与理论模型的构建,这些都大大推动了人们对中国地域分异规律和空间格局的全面认知。从胡焕庸线经"T型"模式至双核结构,反映了本土人文地理学家从更关注自然地理要素到更为重视人文地理要素对于空间格局影响的转变。1935 年,胡焕庸用定量分析的方式第一次理清了中国人口分布的特点,用胡焕庸线划分了中国宏观的人口分布格局。陆大道的"T型"模式则超越了这样的研究思路与分析范式,是以功能区域为基本假设、以点轴系统理论为理论基础,提出了由沿海地区和沿江地区为主轴线的中国空间开发的"T型"模式。双核结构似乎与"T型"模式高度关联，但其研究思路与范式又发生了重大变化，从而成为揭示中国空间格局的又一理论工具。

资源环境空间格局最早可追溯到"生态空间"概念的提出。

早期，国外的生态空间研究的对象主要是指城市中保持自然景观的地域，将其视为城市发展规划中的绿色基础设施。国内学者从1957年开始关注城市绿地系统，并在1981年最早使用"绿色空间"这一概念。此后，赵景柱（1990）提出了"景观生态空间"的概念。高吉喜等（2020）将"生态空间"定义为以提供生态系统服务或生态产品为主导功能，为生态、经济和社会长远发展提供重要支撑作用的空间范围。由"生态空间"向"自然生态空间格局构建"的研究转向是资源环境空间格局的重大进展。区域生态学将自然生态空间格局强调为一种区域综合体，不仅研究区域本身的自然属性，同时特别关注区域之间的关联和相互影响，以及区域内资源环境对经济社会发展的支撑能力。

资源环境空间格局是指资源环境要素的空间分布、组合与空间配置。

马志波等（2016）提出群落中物种个体的空间散布或分布即群落空间格局。杨杰（2018）研究提出，城市绿地空间格局是指绿地单元的大小、类型、数目以及空间分布与配置。综合学者研究来看，空间格局是指生态或地理要素的空间分布与配置。资源环境空间格局主要是指资源环境要素的空间分布、组合与空间配置，具体包括资源空间格局和环境空间格局，其中资源空间格局指资源要素的空间分布，环境空间格局指资源要素组合与配置。对资源环境空间格局测算需满足四个要求：对资源环境要素进行识别；测算资源环境的空间分布；对资源环境要素组合与配置进行合理测算；建立起资源环境空间格局的评价体系。

资源环境应发挥相应的功能以满足国家空间格局发展目标和要求。

城市发展格局是基于国家资源环境格局、经济社会发展格局和生态安全格局而在国土空间上形成的等级规模有序、职能分工合理、辐射带动作用明显的城市空间配置形态及特定秩序。"十四五"时期的区域战略与空间治理目标方面提出构建"三大空间格局"的新要求，具体指的是：分类提高城市化地区发展水平,推动农业生产向粮食生产功能区、重要农产品生产保护区和特色农产品优势区集聚,优化生态安全屏障体系,逐步形成城市化地区、农产品主产区、生态功能区三大空间格局。

二、资源环境空间格局的特征

资源环境的空间格局具有依赖性、复合性、尺度性等特征。

依赖性。所谓资源依赖理论,是指一个组织最重要的存活目标,就是要想办法降低对外部关键资源供应组织的依赖程度,并且寻求一个可以影响这些供应组织,以稳定掌握关键资源的方法。空间自相关统计量是用于度量地理数据的一个基本性质:某位置上的数据与其他位置上的数据间的相互依赖程度。通常把这种依赖叫作空间依赖(spatial dependence)。地理数据由于受空间相互作用和空间扩散的影响,彼此之间可能不再相互独立,而是相关的。路径依赖是指人们一旦选择了某个体制,由于规模经济(Economies of Scale)、学习效应(Learning Effect)、协调效应(Coordination Effect)、适应性预期(Adaptive Effect)以及既得利益约束(Vested Interest Constraints)等因素的存在,该体制会沿着既定的方向不断自我强化。资源环境空间格局逃不过空间集聚模式,不同资源遵循着不同的资源流动规律,生态环境也有着最大承载力限制。

复合性。复合型生态系统理论强调不同系统不同要素和不同子系统之间的非线性,以及系统循环增殖的耦合性和开放性。社会生态系统具有复杂性,20世纪引入的熵(entropy)、反馈(feedback)、动态平衡(homeostasis)等系统论概念都用来阐释这种复杂性。从分析上看,复合系统具有一系列与众不同的特性,包括超级连通性、非线性、方向变化性和突发性等,这些特性都会导致意外频繁发生。联系越来越紧密的远程耦合性导致在地球系统某一部分发生的事件会对地球系统的其他部分产生深远影响。非线性和方向变化性的共同作用意味着我们将可能经历环境条件的剧烈变化,而人们习以为常地认为这些条件的存在是天经地义的。意外的频繁发生意味着我们可能始终无法对一些事件的发生作好充分准备,这就体现了资源环境承载力的脆弱性。生态系统发展到一定阶段,城市群的区域形态开始占据主导地位并发挥显著作用,城市群的产生是资源环境耦合的更高成果。从属性上来说，城市群实际上是一个城市化的地区。从空间形态上讲，它是由中心城市和周边外围城市构成的一个城市集合体，城市群有群主，这个群主就是我们讲的具有集聚引领和管控作用的中心城市。根据学界的研究，这是基于一个中心和外围的理论。中心城市跟它的外围区域是一种什么关系？要素资源是向中心城市集聚还是向外扩散或者是集中与扩散并举？这是城市群一体化要解决的问题。景观理论认为，城市是被人类改造较为彻底的景观。现代城市市区及其近郊区在日益扩大的城市化进程中，已经连为一个整体。具有合理的景观结构及能量流顺畅的城市景观是人类的追求目标。高度异质性的景观是城郊良好发展的基础。

尺度性。资源环境空间格局的测度具有显著的尺度性特征。一方面体现在测量时的尺度选择上。尺度性就是尺度效应，空间尺度通常是指观察或研究的物体或过程的空间分辨度。从生态学角度来看，空间尺度指所研究的面积大小。尺度越大，表示研究面积越大。异质性与尺度是相关的，如一景观单元在小尺度上是异质的，而在大尺度上则变成均质的。正确选择尺度是科学地研究某一景观，得出准确、客观结论的保证。资源环境空间格局的尺度性的本质原因是异质性，尺度性体现在方法选择和使用过程中，主要指景观格局和网络化分析。异质性来源于现实运动的不平衡和外来干扰，特别是人类错误生态行为的干扰，干扰主要来源于三个方面：自然干扰、人类活动及植被的内源演替或种群的动态变化。一个景观生态系统的结构、功能、性质和地位主要取决于它的异质性。就景观生态而言，异质性应从以下几方面认识：① 时空两种异质性。通常所谓的异质性是指空间异质性，即空间分布不均匀性。事实上，时间各区段和单元彼此也是异质的。因此，有两种异质性：空间异质性和时间异质性。② 多维空间异质性。通常所谓的空间异质性是指二维平面异质性。另外还有垂直空间异质性及二者组成的三维立体空间异质性。③ 时空耦合异质性。现代科学同时空耦合表示物质的时空统一运动，也可以用时空耦合异质性来表示时空两种异质性统一的四维运动。④ 边缘效应异质性。空间异质性往往带有边缘效应性质。空间异质性是目前城郊景观异质性研究中的内容。在景观的层次上，空间异质性有三个组分：空间组成（即生态系统类型、数量及面积比例);空间型(即各生态系统的空间分布、斑块大小、景观对比度以及景观连接度);空间相关(即各生态系统的空间关联程度、空间梯度和趋势度等)。此外,尺度性还体现在研究对象的选择上,如单个城市、城市群或经济区就存在差异。选择的研究区域过大,则资源环境空间格局的测算将会呈现一个全局性结果,局部间差距便会缩小,有可能隐去部分区域间的空间特征;选择小尺度的研究区域作为研究对象会使得测算结果变得精细化,但可能会使得全局的研究结果呈现复杂的特征,加大识别难度。

三、资源环境空间格局测度的框架解析

资源环境空间格局的测度需要涵盖空间分布、空间组合和空间配置三个研究内容(见图 4.1)。

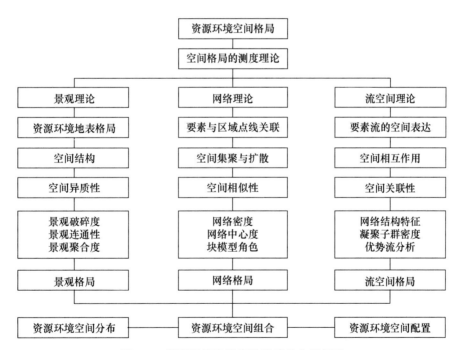

图 4.1　资源环境空间格局测度的分析框架

（一）景观格局分析

景观格局分析将空间格局、生态学过程、尺度结合起来进行研究,用于描述资源环境地表格局的空间分布、组合、配置特征及异质性结果。

1. 要素的空间结构理论是解释景观异质性的基本理论前提

空间结构是指社会经济客体在空间中的相互作用和相互关系,以及反映这种关系的客体和现象的空间集聚规模和集聚形态。空间结构理论源于区位论,基本上沿用了区位论的方法:区域基础状况的假设—几何图解及简单的公式推导—模型的归纳—模型的检验及与实际情况相对照;但又不同于区位论,将处于一定范围的有关事物看成具有一定功能的有机体,并且从时间变化上来加以考察,是动态的总体的区位论。空间结构主要由五大要素形成,包括节点、通道、流、等级和网络。空间结构理论研究以城镇型居民点为中心的土地利用空间结构,包括最佳的企业规模、居民点规模、城市规模和中心的等级体系,社会经济发展各阶段上的空间结构特点及其演变规律,社会经济客体空间集中的合理程度以及空间相互作用。空间结构演变遵循一定规律:低水平均衡阶段(农村为主)→集聚、二元结构形成阶段(核心—外围)→扩散、三元结构形成阶段(核心—城乡边缘区—外围区)→区域空间一体化阶段(高水平均衡阶段)。

2. 空间异质性是空间格局产生的重要原因

空间异质性是指所研究的系统或系统属性在空间分布上的不均匀性及其复杂性,是产生空间格局的主要原因。空间异质性是指生态学变量在空间上的不均匀性和复杂性,表现为生态系统的缀块性和环境的梯度变化。Li 等(1995)提出一个定量的、便于描述和应用的空间异质性的概念,即将空间异质性定义为所研究的系统特性在空间上的复杂性和变异性。景观的生态系统构成了基本的空间异质性格局,同时,资源可利用性、环境因子的空间特征以及生物种群和群落在景观上的分布等都表现了异质性的分布格局,这种异质性格局反映了环境异质性对生物在景观上的异质性分布的制约作用。

(二) 空间网络分析

空间网络分析将资源环境要素以节点的形式与区域的点线关联结合起来,用以描述区域间资源环境要素的空间关联特征形成的空间格局。

1. 要素的空间集聚与扩散是解释空间网络形成机理的基本理论前提

陆大道(2002)指出社会经济客体在区域或空间的范畴总是处于相互作用之中,存在空间集聚和空间扩散两种倾向。在国家和区域发展过程中,大部分社会经济要素在"点"上集聚,并由线状基础设施联系在一起而形成"轴"。这里的"点"指各级居民点和中心城市,"轴"指由交通、通信干线和能源、水源通道连接起来的"基础设施束";"轴"对附近区域有很强的经济吸引力和凝聚力。轴线上集中的社会经济设施通过产品、信息、技术、人员、金融等,对附近区域有扩散作用。扩散的物质要素和非物质要素作用于附近区域,与区域生产力要素相结合,形成新的生产力,推动社会经济的发展。在国家和区域的发展中,在"基础设施束"上一定会形成产业聚集带。由于不同国家和地区地理基础及社会经济发展特点的差异,"点—轴"空间结构形成过程具有不同的内在动力、形式及不同的等级和规模。在不同社会经济发展阶段 (水平) 情况下,社会经济形成的空间结构也具有不同的特征。这种特征体现为集聚与分散程度及社会经济客体间的相互作用等。

集聚和扩散是社会经济客体空间运动的两种倾向。根据物理学原理,各种事物在空间中都具有自己的势能,而且无时不在向周围环境输送和扩散自己的势能。在区域发展过程中,这种势能的扩散表现为:产品流、资金流、人流、技术流、信息流、政策流等。这些"流"由中心点(区)向周围流动,在不同方位和距离重新聚集,与当地原有的自然、社会经济要素相结合,形成新的集聚点。克里斯塔勒(W. Christaller)在阐述其中心地形成的机理时强调,物质向核心集聚是事物的基本现象,即空间中的事物从中心发源,向外扩散;区域的中心地点,也就是区域的核心,是一个特定区域的统帅,这就是城镇。

渐进扩散导致"点—轴系统"的形成。在区域开发的初期,社会经济客体发自一个或若干个扩散源,沿着若干线状基础设施 (束)(也称扩散通道)渐次扩散社会经济"流"，在距中心不同距离的位置形成强度不同的新集聚。由于扩散力随距离延伸而衰减的规律作用，新集聚的规模也随距离的增加而变小。相邻地区扩散源扩散的结果使扩散通道相互联结，成为发展轴线。随着社会经济的进一步发展，发展轴线进一步延伸，新的规模相对较小的集聚点和发展轴又不断形成。这就是渐进式扩散的基本内容。"点—轴"空间结构系统基本形成后，区域进入全面有组织状态。它的形成是社会经济要素长期自组织过程的结果，也是科学的区域发展政策和计划、规划的结果。

2. 空间相似性是地理目标特征组合的重要表达

空间相似关系指空间目标形态上的相似及空间目标结构上的相似，空间相似性强调两个目标或两个空间场景之间在某一方面或多个方面的相同程度，更侧重表达空间目标属性间的关联程度。闫浩文等（2009）从多尺度地图的角度将空间相似关系总结为图形相似和属性相似，从集合论的角度对空间相似进行定义，并从单一目标和群组目标进行了多属性阐述。刘涛等（2014）对空间相似关系的定义、分类和性质进行了总结，指出地理空间目标的特征组合包括空间关系（拓扑关系、方向关系、距离关系）、几何特征和语义特征之间的相似关系研究，具有反身性、弱对称性、弱传递性、多尺度自相似性。

（三）流空间理论

流空间理论将要素以流的形式在空间作用的过程表达出来，并通过不同流对地理空间要素的影响探究资源环境空间格局的形成过程。

1. 空间相互作用是流传输的机理解释

空间相互作用是指城市间、区域间、城市和区域间为保障生产生活的正常运行而不断进行的物质、能量、人员和信息的交换过程。早在1957年，Ullman研究发现空间相互作用的产生条件主要有三个：互补性（complementarity）、通达性（transferability）及介入机会（intervening opportunities）。根据空间相互作用的表现形式，P. Haggett在1972年把空间相互作用的形式分为对流（以物质和人的移动为特征）、传导（以流的形式实现）和辐射（包括信息的流动和创新的扩散）三种类型。

自牛顿提出万有引力定律以来,不少学者运用万有引力思想研究空间相互作用机制,最终使得引力模型在地理学界得到广泛应用,为地理学研究空间相互作用提供了思路。1931 年,Reilly 首先应用空间相互作用模式对零售活动展开研究,将空间相互作用诠释为引力模式,Harris、Corley-Hayes 和 Wilson 逐步将其发展为空间相互作用模式中的重力模式。Ullman(1957)提出空间相互关系的概念,认为互补性、通达性及介入机会是空间结构形成与演化的基础。而后,威尔逊等(1984)在对《地理与规划中的城市与区域模型》一书的摘译过程中提出空间相互作用模式的概念,指出"空间相互作用模式(或称引力模式)是空间各个点或区域之间相互作用的模式,是空间中某一个点或区域与其他各个点或区域之间的相互作用"。张述林(1989)对音乐的空间相互作用研究做出总结,道出了空间相互作用的本质是"区域的相互联系和交换",其作用的结果是"形成空间融合和空间扩散"。闫卫阳等(2009)从不同角度进行了总结,空间相互作用的作用主体包括城市、区域及城市与区域内部各项服务设施;作用内容包括物质、能量、人员和信息的交换;作用形式上表现为一种交换、联系和互动;在地域空间上表现为地理实体作用于空间的分割,可用吸引范围来表达。学者们对引力模型不断修正,主要运用模型对空间相互作用进行表达。

空间相互作用理论是研究区域之间发生的商品、人口与劳动力、资金、技术、信息等的相互传输过程的理论,对区域之间经济关系的建立和变化有着很大影响。其主要内容为:距离衰减原理,指空间相互作用强度随距离的增加而减低;引力模式,指空间相互作用量的大小由规模和距离决定,与规模成正比,与距离成反比;潜能模式,反映空间的集聚能力;空间相互作用模式,1967 年英国地理学者威尔逊(A. G. Wilson)将引力模式和潜能模式融为一体,形成一个放大的引力模式,定量分析一个封闭系统中两个区域之间的相互作用强度。空间相互作用是空间结构理论的核心观点。

2. 空间关联是构建空间格局的基础

"格局—结构—过程—机理"是地理学揭示空间分异和区域联系贯彻始终的研究范式。被奉为"地理学第一定律"的空间关联是构建空间格局的基础,空间分异可以看作是空间关联的一种特殊情况,是在更高层级的结构化的分异现象。空间关联是指相邻或相近地理单元之间的空间联系程度,地理分析中又称空间相关性、空间自相关等。空间关联产生的原因是地理单元之间存在着空间相互作用,这种空间相互作用通常呈现为空间单元某些性质的集聚或扩散,它与不同特性指标的空间依赖有关。现有诸多空间统计方法运用到空间关联的识别和度量当中。空间关联的识别通常与地理单元空间分析选择的尺度有关,通常用 G 统计量进行识别,研究的是空间上属性之间关联的程度。对于地理事物格局演化的时空研究往往需要立足于中小尺度的关联性去发现大尺度的结构性。空间关联测度及其整合模型成为发现空间格局与关键过程的重要技术。

第二节　资源环境景观格局模型与案例

景观格局一般指大小和形状各异的景观要素在空间上的排列和组合,包括景观组成单元的类型、数目及空间分布与配置,比如不同类型的板块可在空间上呈随机型、均匀型或聚集型分布。它是景观异质性的具体体现,又是各种生态过程在不同尺度上作用的结果。景观格局分析的目的是在看似无序的景观中发现潜在的有意义的秩序或规律(李哈滨等,1988)。

关于景观格局分析有大量研究,普遍以地理遥感信息数据为基础,整合多种复合分析方法对景观格局进行测度,并主要借由相应的景观格局指标(如景观覆盖度和破碎度等)进行分析与表达。如 Jaafari 等(2016)综合应用卫星解译数据和景观生态学方法分析发现伊朗 Jajroud 保留区的景观格局在过去 25 年中经历了快速和剧烈的变化,景观格局指标显示这一变化主要是由退化的牧场和果园向城市类别转换造成的。江颂等(2019)以地处西北内陆干旱区的黑河中游为研究区,基于多期土地利用数据、气候数据及基础地理信息数据,采用 In VEST 模型、最小二乘回归、空间回归及地理加权回归等方法,揭示土地利用与景观格局对产水的影响。崔王平等(2017)以重庆市主城区为研究对象,采用样带梯度分析和景观格局分析相结合的方法,基于研究区独特地貌特征和不同经济环境,对 1995—2014 年研究区景观格局演变的样带响应和驱动机制进行对比分析。

一、景观格局分析概述

景观格局分析作为景观生态的基本内容之一,通过定量方法研究景观组成斑块的空间特征,是进一步研究景观功能和动态的基础。郭林海(1990)首先指出资源空间分布格局制约消费者在景观上的运动,景观格局能改变生物的资源利用尺度。李慧敏等(1990)发现了景观格局向城市化方向发展,关注到土地承载力的危机,这是资源环境空间格局在城市规划中的重大应用。刘杰等(1993)研究关注人为活动对地区景观变化的影响,从景观基质、景观变化趋势、景观多样性均匀性等角度展开研究,关注景观格局变化的生态意义,指出景观格局研究对于生态环境治理方面的显著作用。宋瑜等(2007)研究景观基质格局与水土流失的关系,指出景观格局包括景观组成单元的类型、数目以及空间分布与配置,基质 (matrix)、廊道 (corridor)、斑块 (patch)是景观生态学的 3 个核心概念,其中基质是面积最大、连通性最好的景观要素,常见的基质有森林、草原、城市和农田等。随着空间尺度的变化,斑块、廊道和基质互相转化,在特定的空间尺度下,景观基质控制着主要生态过程。

景观格局与生态过程之间存在着紧密联系。景观格局往往是指空间格局,即景观要素和类型的数量以及空间分布和配置等。景观生态学强调系统的等级结构、空间异质性、时空尺度效应以及人类活动的影响(Gardner 等,1991)。人类活动加剧导致景观破碎化,对生物多样性的影响日趋严重,成为景观格局研究的重要内容 (Harris,1984;Gardner 等,1991)。景观破碎化是生物多样性丧失的重要原因之一(邬建国,1992;张知彬,1994;郭勤峰,1995;Hanski,1998)。景观格局分析在研究土地利用上应用广泛。傅伯杰首先应用景观格局分析北京东灵山地区的资源环境状况,而后将景观格局应用到土地利用格局和水土流失治理当中。景观生态学是研究在一个相当大的区域内,由许多不同生态系统组成的整体的空间结构、相互作用、协调功能以及动态变化,景观生态学注重空间异质性和空间格局的研究,它的出现促进了空间关系模型、空间格局与动态的数据模型以及空间尺度监测等方面的发展。

景观生态学以景观为对象，通过能量流、物质流、物种流及信息流在地球表层的交换，研究景观的空间结构、内部功能、时间与空间的相互关系以及时空模型的建立。景观生态学把地理学研究空间相互作用的水平方向与生态学研究功能相互作用的垂直方向结合起来，并探讨空间异质性的发展和动态及其对生物和非生物过程的影响以及空间异质性的管理。景观分析与生态过程的密不可分的耦合关系，表明任何生态过程都以一定的景观空间为依托，景观对于生态过程而言具有宏观的控制作用，生态过程与景观空间在现实世界中相互交融在一起而表现出复杂性特征，应注重景观分析的多尺度多维分析。景观格局与城市生态系统服务功能密切相关：景观格局包括景观组成与景观结构，是影响城市生态系统功能和服务的重要机制。

景观格局的定量分析主要包括景观指数法和空间统计学方法两大类。景观指数可从类型水平以及景观水平进行分析，针对的变化是非连续型变量。很多景观指数之间不满足相互独立的统计性质，在理想状态下存在一个景观指数体系，用它足以描述景观格局但又不冗余。空间统计学包括空间自相关分析、趋势面分析、半方差分析等多种方法，用来描述事物在空间上的分布特征，并确定空间自相关关系是否对这些格局有重要影响。空间自相关方法和移动窗口法结合，可以用来指示景观格局的空间变化。景观格局定量分析方法主要有三大类：景观空间格局指数分析法、景观格局分析模型分析法和景观动态模拟分析法。

景观空间格局指数是高度浓缩的景观格局信息，是反映景观结构组成、空间配置特征的简单量化指标，并且是研究景观格局构成、特征的最常用的静态定量分析方法。但目前大多研究者通过比较景观格局指数在时间维度上的变化反映景观格局演变趋势。常用景观格局的指标根据景观的空间形态可分为破碎化指数、边缘特征指数、形状指数和多样性指数四大类。近年来，有学者将上述的这四大类指标称为景观多样性的数量化特征，并根据景观格局在水平上的复杂性(生物组成的多样化程度)将景观多样性区分为景观类型多样性(Landscape Type Diversity)、斑块多样性(Patch Diversity)和格局多样性(Pattern Diversity)三种。

最初的景观格局分析模型来源于种群生态学中种群分布格局的研究,即根据种群密度的变化规律是否符合某种随机变量的分布型来确定分布格局。当前常用的景观格局分析模型有空间自相关分析(Spatial Autocorrelation Analysis)、趋势面分析、波谱分析(Spectra Analysis)、聚块样方方差分析及分形分析等,这些方法都为景观格局分析提供了有效而简洁方便的数学工具。地统计学模型可以为生态学家在研究生态学各种复杂问题时提供相关的方法;趋势面分析是研究景观要素空间分布规律和模式的重要研究方法;波谱分析及分形分析是揭示空间格局周期性规律的有效方法;聚块样方方差分析模型,即通过对不同大小的样方进行方差分析,以确定斑块大小和空间格局的等级结构等。

景观动态模拟是指研究景观格局的动态发展,分析景观要素的变化、景观功能、生物量与生产力的变化等,但主要是讨论景观各要素类型所占面积的变化——各景观要素类型在一定时期内的面积增减及其分别向其余各种景观要素类型转变的百分率(即转移概率),常见的有马尔可夫模型、元胞自动机模型等。马尔可夫模型是最常用的动态模拟模型。运用马尔可夫模型能够定量地描述景观斑块动态。马尔可夫转移矩阵只是对景观斑块动态的定量化。若能对多个时段的转移概率进行比较并进一步解释这一变化的生态意义,会使景观斑块动态定量化研究更有价值。元胞自动机模型则在特定的约束体系作用下,能较好地揭示景观组分的持续增长或减少过程,以及生物行为方式或生态干扰的扩散过程,逼真地反映模拟起始年份已有城镇斑块的增长过程,但该模型不能自动判定新出现的城镇斑块并模拟其动态变化过程。

二、景观格局分析范式

当前景观格局分析方法主要侧重于景观格局演变和景观格局优化两大研究方向。

（一）景观格局统计指数

本书主要根据邬建国（2007）整理了常用的几个景观格局指数，具体如下。

（1）斑块类型面积指数 CA：某一斑块类型的总面积，其中 a_{ij} 表示第 i 个景观内第 j 个斑块的面积，下同。

$$CA = \sum_{j=1}^{n} a_{ij} \tag{4.2.1}$$

（2）斑块百分比指数 PLAND：斑块类型面积与景观总面积的比值。取值范围为（0,100]。值趋于 0，说明景观中此斑块类型十分稀少；值等于 100，说明景观由一类斑块组成，其中 A 表示景观总面积。

$$PLAND = \sum_{j=1}^{n} a_{ij} \times 100 / A \tag{4.2.2}$$

（3）斑块平均大小 MPS：表示某一类型斑块的平均大小，反映景观的破碎度，其中 n_i 表示斑块 i 的数量。

$$MPS = \sum_{j=1}^{n} a_{ij} / n_i \tag{4.2.3}$$

（4）面积加权的平均形状指数 MSI：反映斑块形状的复杂程度以及景观空间结构的形状特征与可能的演化趋势。在数值上等于每一斑块的周长除以面积的平方根，再乘以斑块总面积与景观总面积之比，并对斑块加和。MSI 随着斑块形状的不规则性增加，当景观中所有斑块为正方形时，MSI＝1。其中，p_{ij} 表示斑块周长，下同。

$$MSI = \sum_{j=1}^{n} \left[\left(0.25 p_{ij} / \sqrt{a_{ij}} \right) \left(a_{ij} \bigg/ \sum_{j=1}^{n} a_{ij} \right) \right] \tag{4.2.4}$$

（5）周长—面积分维数 D：

周长—面积分维数 D 描述了研究区周长随着面积变化而呈指数增长时，景观的复杂度增加。它度量了斑块类型的复杂性和稳定性。$D = 2\ln(P/4)/\ln(A)$，其中 D 表示分维数，P 表示斑块周长，A 表示斑块面积。分维数 D 趋于 1，斑块趋于方形；D 趋于 2，斑块的形状趋于卷绕；取值范围为（1,2]。D 值越大，说明斑块的复杂度越大。

（6）面积加权的平均分形指数 MPFD：分维理论量测的斑块空间形状复杂性。

$$MPFD = \sum_{j=1}^{n} \left[(2\ln0.25 p_{ij} / \ln a_{ij}) \left(a_{ij} \Big/ \sum_{j=1}^{n} a_{ij} \right) \right] \quad (4.2.5)$$

（7）斑块数量 NP：表示某一斑块类型或景观区域中的斑块总数。

$$NP = n_i \quad (4.2.6)$$

NP 越大，破碎度越高。

（8）斑块破碎化指数 FN：直接反映景观空间被分割后的破碎化程度。

表示整个研究区域的景观破碎化程度的公式如下，其中 N 为斑块总数。

$$FN_{all} = (N-1) / A \quad (4.2.7)$$

表示某一景观类型斑块数破碎化程度的公式如下，MPS 为各类斑块平均面积。

$$FN_i = MPS(n_i - 1) / N \quad (4.2.8)$$

（9）斑块聚合度 AI：表示景观区域内的斑块离散程度，取值范围为 $(0, 100)$。g_{ii} 是基于单计数方法斑块类型 i 的像素之间的相似邻接个数。$\max g_{ii}$ 表示基于单计数方法的斑块类型 i 像素之间的最大相似邻接数。p_i 是由斑块类型 i 组成的景观的比例。AI 值大，表示景观中同类型的斑块相互聚合，结构紧凑。

$$AI = \left[\sum_{i=1}^{m} \left(\frac{g_{ij}}{\max g_{ij}} \right) p_i \right] \times 100 \quad (4.2.9)$$

（10）景观分离度 V：指某一景观类型中不同斑块数个体分布的分离度，

$$V_i = D_{ij} / A \quad (4.2.10)$$

其中 D_{ij} 表示景观类型 i 的距离指数。

（11）结合度指数 COHESION：测量的是该类型的物理连通性，取值范围为 $(0, 100)$。

$$COHESION = \left[1 - \frac{\sum_{j=1}^{n} p_{ij}}{\sum_{j=1}^{n} p_{ij} \sqrt{a_{ij}}} \right] \left[1 - \frac{1}{\sqrt{A}} \right]^{-1} \times 100 \quad (4.2.11)$$

其中 p_{ij} 表示斑块 ij 用像元表面积测算的周长，a_{ij} 表示用像元测算的面积，A

为该景观的像元总数。

(12)平均最近距离 MNN:反映同类型斑块的离散或团聚的分布状况。其中 h_{ij} 为从拼块 ij 到同类型的拼块的最近距离。

$$MNN = \sum_{j=1}^{n} h_{ij} / n_i \qquad (4.2.12)$$

(13)平均临近指数 MPI:反映同类型斑块间的临近程度和景观的破碎程度。其中 a_{ijs} 为在给定距离之内的拼块 ijs 之间的面积,h_{ijs} 为在给定距离之内的拼块 ijs 之间的距离。

$$MPI = \left(\sum_{j=1}^{n} \sum_{s=1}^{n} \frac{a_{ijs}}{h_{ijs}^2} \right) \Big/ n_i \qquad (4.2.13)$$

(14)香农多样性指数 SHDI:每一斑块所占景观总面积的比例乘以其对数,然后求和,取负值。取值范围为 $[0,\infty)$,SHDI=0 表明整个景观仅由一个拼块组成;SHDI 增大,说明拼块类型增加或各拼块类型在景观中呈均衡化趋势分布,值越大表明不同类型景观越多,破碎化程度也越高。

$$SHDI = -\sum_{i=1}^{m} (p_i \ln p_i) \qquad (4.2.14)$$

(15)香农均匀度指数 SHEI:等于香农多样性指数除以给定景观丰度下的最大可能多样性。取值范围为 $[0,1]$,SHEI=0 表明景观仅由一种拼块组成,无多样性;SHEI=1 表明各拼块类型均匀分布,有最大多样性。其中 m 是指景观中斑块类型的总数。

$$SHEI = -\sum_{i=1}^{m} (p_i \ln p_i) / \ln m \qquad (4.2.15)$$

(16)散布与并列指数 IJI:表示各个斑块类型间的总体散布与并列状况,能够度量斑块间的连接性与分布格局。e_{ik} 表示和 k 斑块类型之间的景观边缘的总长度。E 表示景观中边缘的总长度,不包括背景。m 表示景观中存在的斑块类型的数量,包括景观边界(如果存在)。

$$IJI = \frac{-\sum_{i=1}^{m}\sum_{k=i+1}^{m}\left[\left(\frac{e_{ik}}{E}\right)\ln\left(\frac{e_{ik}}{E}\right)\right]}{\ln(0.5[m(m-1)])} \times 100 \qquad (4.2.16)$$

(17)蔓延度指数 CONTAG:指的是景观中不同斑块类型的团聚程度或

延展趋势,取值范围为(0,100)。CONTAG 值较小,表明景观中存在许多小斑块,景观破碎化现象严重;CONTAG 值较大,表明景观中有联通度极高的优势斑块类型存在,斑块离散程度低。其中,p_i 表示 i 类型斑块所占的面积百分比,g_{ik} 表示 i 类型斑块与 k 类型斑块毗邻的数目,m 是景观中斑块类型总数目。

$$\text{CONTAG} = \left[1 + \frac{\sum_{i=1}^{m} \sum_{k=1}^{m} p_i \left(g_{ik} \Big/ \sum_{k=1}^{m} g_{ik} \right) \times \ln p_i \left(g_{ik} \Big/ \sum_{k=1}^{m} g_{ik} \right)}{2\ln m} \right] \times 100$$

(4.2.17)

(18) 斑块形状指数 LSI:指相关斑块类型的总边缘长度除以总边缘长度最小可能值。LSI 增大时,斑块不规则情况增加,斑块更离散。E 为景观中所有斑块边界的总长度。当景观中斑块形状不规则或偏离正方形时,指数增大。

$$\text{LSI} = \frac{0.25E}{\sqrt{A}}$$

(4.2.18)

(19) 斑块密度 PD:表示每 100 hm^2 土地范围内的斑块数量,反映景观破碎程度。PD 越大,破碎程度越高。

$$\text{PD} = \sum_{j=1}^{m} N_j \Big/ A$$

(4.2.19)

(20) 最大斑块面积指数 LPI:斑块类型中最大面积的斑块占整个景观面积的比例,该指数直接体现了景观的优势类型,取值范围为(0,100)。值的大小决定景观优势种、内部种丰度,值的变化反映人类活动的方向与强弱。

$$\text{LPI} = \max_{j=1}^{n} (a_{ij}) \times 100 \Big/ A$$

(4.2.20)

(二)景观格局演变及其驱动机制分析

景观格局演变及其驱动机制分析是地理学和景观生态学领域长期关注的热点问题。目前国内外相关研究主要采用数量分析法(主要包括景观格局指数和景观动态变化模型)研究景观格局演变特征,景观格局指数是景观格局信息的高度概况,是反映景观结构组成、空间配置特征的量化指标,是景观格局研究的重要指标之一。

反映景观尺度水平的景观指数包括：① 破碎度指标，表征景观格局的破碎程度，选用斑块密度（PD），斑块密度越大，则斑块越小，碎化程度越高；② 形状指标，表征景观格局的几何形状，选用周长面积比（PARA），周长面积比的值越大，则表明景观斑块形状越不规则；③ 聚集度指标，表征景观格局的空间分布排列特征，如景观分离度（DIVISION），景观分离度即为相邻斑块出现不同属性的概率，概率值越大，景观聚集度越低；④ 多样性指标，表征景观格局组分，如辛普森多样性指数（SIDI），其值越大，表明景观斑块分布越复杂，丰富度越高。

景观指数的时间变化。利用 Fragstats 软件，计算每个时期每个网格的景观指数，并求算各网格景观指数的平均值，得到不同时期的景观指数，分析景观指数的时间变化。

景观指数的空间变化。通过分析景观的破碎度、形状、聚集度、多样性等指标，探讨景观指数的空间变化，从而得出研究区域的空间景观演变规律。

驱动因素探究。通过对景观指数的时间、空间变化分析，结合研究区域同步的时间、空间因素的影响，探究可能的驱动因素。

（三）景观格局优化

景观格局优化是依据景观生态学理论，在对景观格局与生态过程、功能关系的综合理解基础上，对景观要素在空间上进行调整与组合，以实现最大的生态效益与区域可持续发展。景观格局优化研究多基于识别特定生态安全格局或景观生态风险状态，明确景观格局规划的保护重点，进一步提出优化建议。

景观格局阻力的确定是 MCR 模型进行景观格局优化的关键：

$$\text{MCR} = f_{\min} \sum_{i=1}^{m} \sum_{j=1}^{n} (D_{ij} W_i) \qquad (4.2.21)$$

MCR 表示生态源 j 到任意一点 i 之间的最小阻力的累积值；D_{ij} 表示景观格局阻力表面上第 i 个栅格到第 j 个生态源地之间所跨越的距离；W_i 为景观阻力表面上第 i 个栅格阻碍生态流运行的阻力值。

生态源地识别。在以提高生态系统连通性和稳定性、降低景观生态风险为目标的景观格局优化中,生态源地是指那些具有良好生态稳定性、扩展性的地区。

阻力面确定。阻力面的确定是 MCR 模型构建的基础。由于景观格局的异质性,物质及生态流在景观格局中运行和穿越不同类型的异质性空间时,要克服特定的阻力。确定阻力面的方法是,将空间主成分分析的结果作为景观格局阻力的评价要素,并利用 ArcGIS 中的耗费距离工具生成研究区景观格局累积阻力表面。

生态廊道判别。生态廊道是景观格局中重要的元素,在不同的生态源之间起到连通作用,廊道一般为生态阻力最小的通道。判别方法是,基于 MCR 模型生成的景观格局累积阻力表面,利用 ArcGIS 水文分析工具,提取累积阻力表面的"谷线"。

生态节点判别。生态节点是整个生态系统中的关键点,亦是生态系统中相对脆弱的地区,需要对其加以识别与重点保护。

景观格局优化效果评估。景观连接度描述了景观组分在景观格局、过程和功能上的有机联系。前人研究多采用整体连通性指数(Integral Index of Connectivity,简称 IIC)、景观巧合概率指数(Landscape Coincidence Probability,简称 LCP)、可能连通性指数(Probability of Connectivity,简称 PC)等指标来定量表征景观格局的优化效果。

三、案例应用

景观结构及其变动是区域生态环境体系的综合反映,受城镇化建设影响,景观结构日益呈现出复杂性、异质性等趋势。生态安全的测度是景观生态学的核心内容,同时也是保障区域生态安全的重要技术途径。随着国家再次强调将城市群作为新型城镇化的主体形态,以及建设生态文明发展目标的提出,明确区域生态环境要素对城市群的胁迫关系,揭示生态安全约束下城市群空间网络化规律具有重大理论和现实意义。刘耀彬等(2020)对生态安全约束下城市群空间网络结构动态演变及关联特征展开了研究。

城镇化水平的提升带动城镇建设用地的拓展,从而引起未利用地、耕地、草地等景观类型面积的萎缩,使得景观结构发生改变。景观结构安全指数能够反映景观受到干扰后的结构特征,但不能反映出景观类型抵抗外界干扰的能力,更不能体现景观类型对外界敏感性程度不同的特性,因此,从景观结构角度不能客观把握区域生态环境状况。景观具有水源涵养、气候调节等众多功能,每种景观类型所提供的生态服务具有差异性,均可采用生态系统服务价值进行量化。综合考虑以上因素,本案例按照"景观结构安全＋生态系统服务价值→生态安全"的逻辑思路,探讨考虑生态系统服务的景观结构对区域生态安全的影响及其时空分异规律。

景观结构安全指数(LSI$_i$)是区域景观格局信息的凝练表达,包含景观干扰度指数(E_i)和景观脆弱度指数(F_i),景观结构安全指数的计算方法如表4.1。

表 4.1　景观结构安全指数的计算

名称	计算方法	参数含义
破碎度指数(C_i)	$C_i = N_i / A_i$	Ni 为景观类型 i 的斑块数;Ai 为景观类型 i 的面积
分离度指数(S_i)	$S_i = \dfrac{1}{2} A / A_i \cdot \sqrt{N_i / A}$	N_i 为景观类型 i 的斑块数;A 为景观总面积;A_i 为景观类型 i 的面积
优势度指数(D_i)	$D_i = \ln n + \sum\limits_{i}^{n} p_i \cdot \ln p_i$	n 为景观类型数;p_i 为景观类型 i 占景观总面积的比例
干扰度指数(E_i)	$E_i = \alpha C_i + \beta S_i + \gamma D_i$	α、β、γ 分别为景观破碎度、分离度、优势度指数的权重,$\alpha+\beta+\gamma=1$,对 α、β、γ 分别赋值 0.6、0.3、0.1
脆弱度指数(F_i)	专家打分赋值归一化处理得到	根据前人研究经验,并结合本研究区实际情况,将 8 类景观类型按其脆弱度由高到低依次赋值,并进行归一化处理
景观结构安全指数(LSI_i)	$LSI_i = \dfrac{A_i}{A}(1 - 10 E_i F_i)$	A 为景观总面积;A_i 为景观类型 i 的面积

生态系统提供了物质原料、气候调节、生命支持系统等多重生态功能,生态系统服务价值核算的结果,既是生态文明建设决策的重要依据之一,同时也是区域空间资源优化配置的客观基础。因此,依据 Costanza 等(1997)开创的生态系统服务功能的价值评估方法,参考谢高地等(2003)、白瑜等(2011)对我国生态系统服务功能的划分和价值参数取值的研究成果,对土地利用类型进行适当修正,如表4.2所示。

表 4.2　研究区各景观类型单位面积生态系统服务价值系数

单位:元·hm^{-2}

土地利用类型	耕地	林地	草地	水域	城镇用地	农村居民点	其他建设用地	未利用地
食物生产	884.9	88.5	265.5	265.5	0	0	0	8.8
原料生产	88.5	2 300.6	44.2	61.9	0	0	0	0
水源涵养	530.9	2 831.5	707.9	13 715.2	0	0	0	26.5
气体调节	2 043.3	10 216.7	0	0	0	0	0	0
气候调节	787.5	2 389.1	796.4	15 130.9	0	0	0	0
固碳释氧	67 364.3	336 821.5	85.5	0	0	0	0	0
减轻噪声	576.1	2 880.4	0	0	0	0	0	0
土壤形成与保持	1 291.9	3 450.9	1 725.5	1 531.1	0	0	0	17.7
生物多样性保护	628.2	2 884.6	964.5	2 212.2	0	0	0	300.8
娱乐文化	8.8	1 132.6	35.4	4 910.9	0	0	0	8.8
合计	74 204.4	364 996.4	4 624.9	37 827.7	0	0	0	362.6

在测度景观生态安全时,给予景观结构和功能相同的权重,依据研究区景观格局信息得到景观结构安全指数,并与研究区各景观类型所能提供的单位面积生态系统服务价值相结合,得到研究区生态安全指数公式,具体为:

$$ES_k = \sum_{i=1}^{n}(LSI_i \cdot ESV_i) \qquad (4.2.22)$$

其中 ESV_i 为单位面积生态系统服务价值。

本案例计算了环鄱阳湖城市群 2005 年、2010 年、2015 年的生态安全指数,通过 ArcGIS 10.6 对环鄱阳湖城市群的生态安全指数的属性数据进行 5 级分类制图表达,以此识别出时间变迁下环鄱阳湖城市群生态安全等级变化,如图 4.2 所示。

为了提高对环鄱阳湖城市群生态安全的认识,借鉴刘耀彬等(2015)对环鄱阳湖城市群界定和划分圈层的结果,以鄱阳湖为中心,由鄱阳湖向外分别是环湖核心区和环湖边缘区。根据前文构建的景观结构安全指数对研究区景观结构安全总体变动状况进行描述,并逐一分析景观破碎度、分离度、优势度指数的变化和单位面积生态系统服务价值的空间分布状况(见表 4.3)。同时,

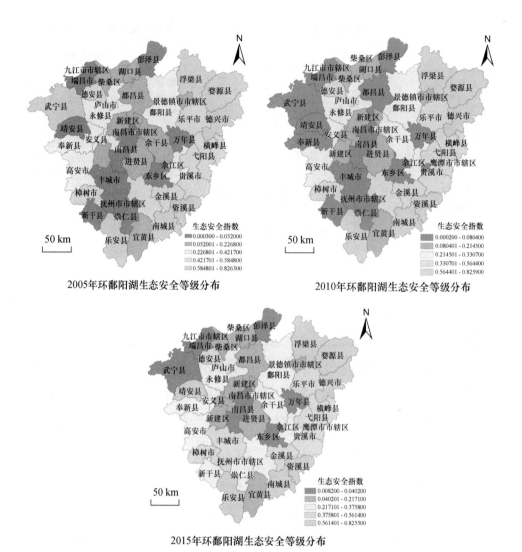

图 4.2 环鄱阳湖城市群生态安全等级变迁图

为了更好地研究景观结构安全空间变化规律,采用空间统计学方法对研究结果进行检验。

(1)景观破碎度变动分析。2005 年城镇用地的破碎度最高,与破碎度最低的林地相差了 0.130,可以看出,研究初期林地呈片状分布。经过十年的发展,到 2015 年,研究区景观破碎度发生了较大变化,首先破碎度明显升高的有未利用地、水域、林地、农村居民点和耕地,尤其是未利用地变化巨大,与 2005

年同比升高了 36.36%,而只有城镇用地破碎度降低巨大,相比 2005 年降低了 89.93%。这表明研究区占主导地位的景观类型破碎度均升高,包括林地、耕地和水域,这一变化会引起各斑块间的连通性降低,同时也会加剧斑块的不稳定性。城镇建设用地也呈现出点状分布的特点,其相比研究初期破碎度升高。以上种种现象表明在城市化过程中,研究区域的建设用地不仅面积快速增加,并且具有整体点状、局部片状的特点,这引起其他景观破碎度升高。

表 4.3　研究区景观结构安全数据统计

年份	景观类型	破碎度	分离度	优势度	干扰度	斑块数	面积 (m²)	面积占 比(%)
2005	耕地	0.009	0.086	1.736	0.378	16 407	2 411 440	33.249
	林地	0.009	0.088	1.776	0.386	14 646	3 323 012	46.828
	草地	0.046	1.434	2.020	0.857	2 738	116 840	1.561
	水域	0.072	0.608	1.889	0.596	22 565	645 288	9.239
	城镇用地	0.139	0.772	2.023	0.643	764	72 200	1.328
	农村居民点	0.127	1.520	1.999	0.920	16 105	144 017	2.317
	其他建设用地	0.112	1.180	1.989	0.808	16 248	149 339	2.940
	未利用地	0.077	3.150	2.033	1.390	1 852	121 937	1.746
2010	耕地	0.011	0.096	1.735	0.382	19 565	2 322 144	33.248
	林地	0.011	0.101	1.776	0.391	17 412	3 270 507	46.826
	草地	0.050	1.359	2.022	0.836	2 847	109 024	1.561
	水域	0.085	0.668	1.886	0.620	29 794	717 210	10.269
	城镇用地	0.014	0.634	2.013	0.600	1 051	92 776	1.328
	农村居民点	0.145	1.530	1.992	0.930	20 532	161 813	2.317
	其他建设用地	0.123	1.109	1.969	0.788	24 321	205 318	2.940
	未利用地	0.104	3.709	2.032	1.571	2 981	105 558	1.511
2015	耕地	0.013	0.104	1.736	0.385	20 892	2 306 233	33.046
	林地	0.012	0.106	1.775	0.393	18 701	3 253 729	46.622
	草地	0.054	1.462	2.030	0.871	2 635	91 286	1.308
	水域	0.086	0.669	1.887	0.621	30 010	687 087	9.845
	城镇用地	0.014	0.584	2.009	0.584	1 156	101 256	1.451
	农村居民点	0.145	1.498	1.991	0.920	21 065	164 384	2.355
	其他建设用地	0.111	0.888	1.944	0.710	29 269	271 597	3.892
	未利用地	0.105	3.634	2.033	1.549	3 002	103 364	1.481

(2) 景观分离度变动分析。研究期内,耕地分离度指数从 0.086 提高到

0.104,增加了 20.93%,林地分离度也增加了 20.45%。从空间分布上看,2005 年分离度较高的区域主要集中在环鄱阳湖城市群的边缘区,低值区也主要集中在环湖边缘区,由此可知环鄱阳湖城市群边缘区分离度指数因景观类型不同而两极分化严重。到 2015 年,分离度两极分化更为严重,最低值为0.104,而最高值为 3.634,且与 2005 年相比,分离度高值区面积增加,呈现出由环湖边缘区向环湖核心区蔓延的趋势,在空间分布上与建设用地等相互交叉,重叠分布。

(3) 景观优势度变动分析。景观优势度是针对斑块重要性的测度,并受景观类型空间分布的影响,而且不同景观类型的优势度也会不同。从时间维度看,由表 4.3 可知,研究期内景观优势度整体变化不大,趋于稳定,城镇用地、草地和未利用地优势度稍高,耕地和林地的优势度相比而言处于低水平状态。从空间维度看,环鄱阳湖城市群区域内环湖边缘区优势度较高值占绝大多数,而优势度较低值则主要分布在环湖核心区边缘地带,未利用地广泛分布于此。

(4) 景观干扰度分析。对比分析表 4.3 和图 4.3 发现,从时间上看,研究期内未利用地的干扰度增幅最大,从 2005 年的 1.390 变为 2015 年的1.549,提高了 11.44%;其次是水域,提高了 4.19%;干扰度降低最明显的是其他建设用地,从 2005 年的 0.808 降为 2015 年的 0.710,降低了 12.13%。从空间上看,2005 年干扰度高值区面积较大,大多分布在环湖边缘区周边,到 2010年干扰度高值区面积无明显变化,但低值区却分布范围广泛,并且研究区干扰度指数均保持在 1.571 以下。2015 年相比前期,干扰度发生变动的区域主要集中在环鄱阳湖城市群南部,并且呈现上升趋势。综合来看,环鄱阳湖城市群的边缘地带的干扰度易出现波动,是需要重点关注的生态敏感区。

接下来讨论景观结构安全的空间自相关性。景观类型分布受地理空间影响,表现出空间相关效应。借助 2005 年、2010 年和 2015 年环鄱阳湖城市群内各景观结构安全空间分布数据与空间自相关模型计算得到 3 个年份环鄱阳湖城市群景观结构安全度的全局 Moran's I 值(见表 4.4)。

表 4.4　研究区不同情况的景观结构安全度的全局 Moran's I 值

时期	最小值	最大值	平均值	方差	变异系数	Moran's I
2005	0.000 1	0.826 3	0.194 9	0.000 1	1.062 4	−0.012 4
2010	0.000 1	0.825 9	0.188 9	0.000 2	1.067 4	−0.015 2
2015	0.000 1	0.825 5	0.186 8	0.000 2	1.065 8	−0.022 8

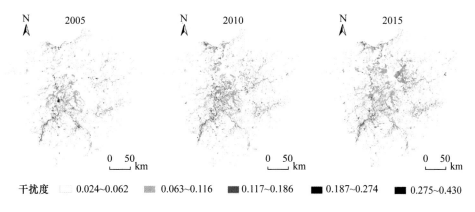

图 4.3　景观干扰度变迁图

结果表明,历年景观结构安全的全局 Moran's I 指数均为负值,2005 年和 2010 年在不能拒绝零假设的前提下,存在显著的空间自相关,而 2015 年则可以选择在拒绝零假设的前提下,将置信度设置为 90%,认为在该研究区内存在较为显著的负向空间自相关,也即环鄱阳湖城市群不同的邻近景观不具有很强相似性,印证了研究区景观分离度趋于两极分化的结果。通过表 4.4 比较研究区不同时期全局 Moran's I 的变动情况,Moran's I 从 2005 年的 −0.012 4 下降至 2010 年的 −0.015 2,接着降速有所提高,降至 2015 年的 −0.022 8。这说明研究各景观类型生态安全在整体空间上由不存在显著的空间自相关到存在显著的负向空间自相关关系,各景观类型生态安全度也由期初的随机分布,逐渐演变为空间分散,这里的相关性分析也与前文得到的研究区景观破碎度增加、斑块连通性被弱化的结果不谋而合。

第三节　资源环境空间网络模型与案例

资源环境空间格局可以看作是一种空间组织关系的体现。通达性和网络化的分析方法通过识别具有特殊功能的资源环境区域，使人们得以评估周围环境以及土地、气候、水源等资源环境变化产生的潜在影响；并可以在一定程度上脱离资源环境的自然属性约束，帮助人们认识和掌握关键物质或功能的网络拓扑关系，据此及时做出相应的政策调整，具有很强的现实政策指导意义。

常用的方法有资源环境的景观连通性分析、生态源点识别和关键廊道提取、循环网络构建等。如 Melly 等（2018）研究探讨了湿地的空间分布模式分析能否在无需特定地点数据的情况下识别需要重点保护和管理决策的关键系统，并通过概率建模和最低成本分析方法确定处于风险中的关键湿地。Liu 等（2017）构建了一个引入了点、线和区域概念来连接城市景观模式和生态代谢过程的研究框架，并以城市水代谢为例，分析了城市生态系统中的自然水文过程和社会水代谢，计算得出了社区的水平衡。游珍等（2018）以长江经济带 1 088 个自然保护区为基础，根据斑块密度、斑块走向、斑块连通度等，结合地形地貌、气象气候等条件在长江经济带划出 10 条不同类型生态带，将这 10 条生态带连接后，可以在长江经济带协调性均衡构建"一横四纵"的生态网络，进一步根据自然保护区斑块密度和连通度，可划分为保持维护区、稳步建设区和加速建设区。卢小丽等（2015）以传统 DPSIR 概念模型为基础，构建中国沿海城市生态安全系统评价指标体系，通过结构方程模型辨识中国沿海城市生态安全系统的结构框架，运用生态网络分析法建立信息传递方程对生态安全系统稳定性进行了测度。

当前空间网络方法在空间关联分析领域应用广泛，其中，以刘华军等（2015）为代表的空间网络分析步骤已成为空间网络分析的基本范式，其基本的步骤包括对空间关联的识别、空间关联模型的构建以及网络结构的分析三部分。

一、空间网络分析概述

网络是用于实现资源运输和信息交流的一系列相互连接的线性特征组合,是一个由点、线二元关系构成的系统,通常用来描述某种资源或物质在空间上的运动。在 GIS 中,网络分析是指依据网络拓扑关系,通过考察网络元素的空间及属性数据,以数学理论模型为基础,对网络的性能特征进行多方面研究的一种分析计算。当前,空间网络分析方法主要是应用社会网络分析。

德国社会学家齐美尔(G. Simmel)在《群体联系的网络》(1922)中第一次使用了"网络"概念。英国人类学家布朗(R. Brown)则在 1940 年首次提出了"社会网"的概念。美国社会心理学家莫雷诺(J. L. Moreno)1934 年对实验性小群体的计量学研究为社会网研究奠定了基础。巴恩斯(J. Barnes)通过对一个挪威渔村阶级体系的分析首次把社会网的隐喻转化为系统的研究(1954)。英国学者伊丽莎白·伯特(Elizabeth Bott) 1957 年的著作《家庭与社会网络:城市百姓人家中的角色、规范、外界体系》则被视为英国社会网研究的范例。

弗里曼(L. C. Freeman)指出,社会网络研究有如下四个特点:对社会行动者之间的某种特定关系的结构研究;建立在系统的数据基础上;大大依赖于图论语言和技术;应用数学模型、统计技术和计算机模拟。从形式上看,社会网络都可以定义为一组已经或有可能(直接或间接)连接的点,以及这些点的特征和它们之间的关系。其中点(nodes) 可以是社会分析的任何单位,如个人、群体、组织和社区等,点的特征指的是这些单位本身的特征。点之间的连接(linkage) 表示点之间的某种关系。关系具有一定的内容,这一内容就是关系的实质。关系的内容往往表现为关系传递的东西。社会网络分析就是包括测量与调查社会系统中各部分("点") 的特征与相互之间的关系("连接"),将其用网络的形式表示出来,然后分析其关系的模式与特征这一全过程的一套理论、方法和技术。

二、空间网络分析范式

空间网络分析来源于社会网络分析思想,以关系为基本分析单位,结合个体之间的关系、微观网络以及大规模社会系统的宏观结构,运用图论和数学方法描述关系模式并探索这些关系模式对成员或整个结构的影响,是一种运用"关系数据"的跨学科分析方法,已广泛应用于社会学、经济学、管理学等领域,并已成为一种新的研究范式。空间网络分析主要包括以下几个过程。

(一) 空间关联的识别

全局空间自相关(Global Spatial Autocorrelation)用于描述区域单元某种现象的整体分布状况,以判断该现象在空间上是否存在聚集性。Moran's I 和 Geary's C 是两个常用的全局自相关检验统计量。

1. Moran's I 指数

X_i 是现象属性值在区域单元 i 上的观测值,W_{ij} 为空间权重矩阵的元素。Moran's I 指数的值域为 $[-1,1]$,Moran's I 值大于零,说明全局空间自相关性是正相关;小于零为负相关关系;其绝对值越大,说明相关程度越大。当 $I=1$ 时,说明存在显著的空间正相关性;当 $I=-1$ 时,说明存在显著的空间负相关性;而 $I=0$ 则说明全局空间显著无关。

$$I = \frac{\sum_{i=1}^{n}\sum_{j\neq1}^{n}W_{ij}(X_i-\bar{X})(X_i-\bar{X})}{\frac{1}{n}\sum_{i=1}^{n}(X_i-\bar{X})^2\sum_{i=1}^{n}\sum_{j\neq1}^{n}W_{ij}} \tag{4.3.1}$$

ArcGIS 软件中空间自相关 (Global Moran's I) 工具同时根据要素位置和要素值来度量空间自相关。在给定一组要素及相关属性的情况下,该工具评估所表达的模式是聚类模式、离散模式还是随机模式。该工具通过计算 Moran's I 指数值、z 得分和 p 值来对该指数的显著性进行评估。p 值是根据已知分布的曲线得出的面积近似值(受检验统计量限制)。

$$I = \frac{n}{\sum_{i=1}^{n}\sum_{j=1}^{n}\omega_{i,j}}\frac{\sum_{i=1}^{n}\sum_{j=1}^{n}\omega_{i,j}z_iz_j}{\sum_{i=1}^{n}z_i^2} \tag{4.3.2}$$

其中 $w_{i,j}$ 为地理邻接矩阵。使用 z 得分或 p 值指示统计显著性时,如果 Moran's I 指数值为正,则指示聚类趋势;如果 Moran's I 指数值为负,则指示离散趋势。

2. Geary's C 指数

$C(d)$的取值范围一般为 0 到 2 之间,当 $C=1$ 时代表空间无关,当 $C<1$ 时为空间正相关,当 $C>1$ 时为空间负相关。当 $C=0$ 时有很强的空间正相关性,当 $C=2$ 时有很强的空间负相关性。C 的值可能存在大于 2 的情况。

$$C(d) = \frac{(n-1) \cdot \sum_{i=1}^{n}\sum_{j=1,j\neq1}^{n}W_{ij}(X_i-X_j)^2}{2n \cdot \frac{1}{n}\sum_{i=1}^{n}(X_i-\bar{X})^2 \cdot \sum_{i=1}^{n}\sum_{j=1,j\neq1}^{n}W_{ij}} \tag{4.3.3}$$

(二)空间关联的表达——引力模型

引力模型是将经济状况与地理距离等因素共同纳入测算,进而描绘网络结构的动态演进特征。本章借鉴刘华军等(2015)的做法,采用修正的引力模型来构建长江经济带绿色发展网络,着重研究绿色发展效率,其分布存在空间相关,以测定长江经济带绿色发展效率空间网络结构,使矩阵构建更具合理性,将传统引力模型修正为:

$$F_{ij} = k_{ij}\frac{\sqrt[3]{P_iE_iG_i}\sqrt[3]{P_jE_jG_j}}{\left(\frac{R_{ij}}{g_i-g_j}\right)^2}, \quad k_{ij} = \frac{E_i}{E_i+E_j} \tag{4.3.4}$$

其中,i、j 分别代表城市 i 与城市 j,F_{ij} 表示城市间的引力,E_i、E_j 分别代表城市 i 与城市 j 的绿色发展效率,P_i、P_j 分别代表城市 i 与城市 j 的人口规模,G_i、G_j 分别代表城市 i 与城市 j 的实际地区生产总值,k_{ij} 代表城市 i 与城市 j 之间绿色发展关联中的贡献率。为了同时将经济距离和地理距离因素纳入对绿色发展网络的刻画,该案例研究长江经济带城市间联系,且城市间交通运输仍以公路运输为主,因此,在数据可得性的前提下,该案例基于百度地图平台,使用 i 和 j 城市之间的公路距离 R_{ij} 比上 i 和 j 城市人均 GDP 的差值(g_i-g_j)衡量城市的空间距离,依据修正后的引力模型测算城市绿色发展相关系数构建的引力矩阵。取引力矩阵的每一行的平均数作为临界值,高于该行临界值的引力值记为 1,说明城市与该列城市绿色发展存在一定关联;相反,低于该行临界值的引力数值记为0，说明城市与该列城市绿色发展无一定的关联。

（三）整体网络结构特征

通常采用网络密度、网络关联度、网络等级度和网络效率刻画整体网络结构特征。网络密度指的是网络中各个成员之间联系的紧密程度，成员之间的联系越多，该网络的密度也就越大，则省际绿色发展之间的联系就越紧密。设空间网络中节点个数为N，则最大的可能关系数为$N \times (N-1)$个，若实际关系数为M个，则网络密度D_n的计算公式为：$D_n = M / [N \times (N-1)]$。网络关联度测算了网络自身的稳健性和脆弱性。网络等级度反映了网络中省份之间在多大程度上非对称地可达，反映的是网络中各省份的等级结构，网络等级度越高，则空间关联网络中网络单元之间的等级结构越森严，网络单元在网络中越处于从属和边缘地位。网络效率反映了网络中各单元之间的连接效率。若网络效率越低，则说明单元之间存在更多的连线，网络单元之间的联系更加紧密，网络就越稳定，也越容易通过网络促进网络单元之间的联系。

（四）个体网络特征

节点在网络结构中的位置对于整个网络中的角色非常重要，网络中心度是衡量网络中节点状态重要性的指标。中心性度分为度数中心度、接近中心度和中介中心度三种。其中，度数中心度指标衡量节点在网络的中心位置，接近中心度指数描述了节点之间的互动程度，中介中心度指标衡量节点作为网络关联互动媒介的功能和水平。

（五）空间聚类分析

块模型是社会网络分析法中进行空间聚类分析的主要方法。块模型可以对各个位置在网络中的角色进行分析。通过对网络进行凝聚子群分析和核心—边缘结构分析，明确网络中的核心节点，以及处于子群间衔接位置的相关节点。通过块模型分析，将网络中各板块的角色划分为四种类型：接收来自其他板块成员的关系，也有来自板块内部成员的关系，而接收来自板块外部成员的关系明显多于其对其他板块的溢出关系的板块被定义为"净收益角色";对其他板块发出的联系要明显多于它对其他板块的溢出关系的板块被定义为"净溢出角色";既发出联系也接收其他板块的联系,而来自板块内部成员的联系相对较多的板块被定义为"双向溢出角色";既对其他板块发送联系,也接收其他板块联系,且与其他板块成员之间联系较多的板块被定义为"经纪人角色"。

三、案例应用

绿色发展是资源环境发展的重要目标,对绿色发展效率及其网络特征的描述是重要的课题。许多学者建立 DEA 模型、SBM 模型和 Malmquist 指数衡量绿色发展效率,并利用 Tobit 回归模型和灰色 GM(1,N)模型分析影响绿色发展效率的因素。例如,将不同的 DEA 模型应用到基尼准则中,对中国农村绿色发展的情况进行了计算和排序。研究发现,总体发展呈上升趋势,但区域发展不平衡。东北和西北地区处于较高水平,而其他地区处于较低水平。使用全球数据包络分析来衡量特定时间范围内的绿色发展增长指数(GDGI),以衡量中国各个省份的绿色发展绩效。

本案例参考一般文献的做法,将永续盘存法计算得到的资本存量作为资本投入 K,将全市从业人数作为劳动投入 L,将煤气及天然气消费量作为能源投入 E(李卫兵等,2019)。对于永续盘存法计算过程中的折旧率 σ,该案例参考吴延兵(2006)的做法将折旧率 σ 设为 15%。对于产出要素,将全市人均GDP 作为绿色发展的期望产出,同时,参考林伯强等(2019),选取全市二氧化硫排放量(S)和工业废水排放量(W)予以表征绿色发展的非期望产出(见表 4.5)。

表 4.5 绿色发展效率指标体系构建

指标	投入—产出	具体投入—产出	具体指标
绿色发展效率	投入	资本投入	资本存量
		劳动力投入	全市从业人数
		能源投入	煤气及天然气消费量
	产出	期望产出	全市人均 GDP
		非期望产出	二氧化硫排放总量
			工业废水排放量

本案例选取长江经济带各省市投入产出指标(见表4.5)计算出城市绿色发展效率。进一步,采用改进的引力模型(见公式4.3.4)来构建长江经济带绿色效率网络,其中,选取2018年人口数和GDP作为衡量长江经济带各省市的综合质量指标,并以各省省会间最短公路距离与相关货币成本作为综合距离测度指标。本案例所用数据主要来源于2009—2019年长江经济带各省和各城市的统计年鉴以及环境统计公报。其中云南省数据缺失情况相对严重,对于缺失数据,本案例运用SPSS 25.0软件对缺失数据进行期望最大化(EM)及回归分析,对于数据中的缺失值,本案例采用多重插补法进行缺失值处理。

（一）整体网络特征分析及演变趋势

根据修正的引力模型构建起的绿色发展网络关联矩阵,明确了长江经济带绿色发展网络的空间关联关系并建立相关矩阵。为了展示长江经济带绿色发展网络结构形态,通过UCINET中的Netdraw可视化工具绘制了2018年的网络图,如图4.4所示。由图可知,长江经济带绿色发展网络呈现出较为典型的网络结构形态,绿色发展在各省份间存在普遍的关联关系。长江经济带绿色发展逐渐由点状向线状、再向网状发展,空间关联关系向复杂化、普遍化拓展。

1. 网络密度

图4.5描述了样本考察期内长江经济带绿色发展网络密度大小的变化态势。由图4.5可以发现,样本考察期内绿色发展空间关联总数整体向上增长,2001年的关联关系数为1 305个,2018年上升到2 090个。同样地,绿色发展网络的整体网络密度也呈现出上升趋势,自2001年的0.112 9上升至2018年的0.180 9。网络密度上升表明长江经济带绿色发展的空间关联愈发密切。同时在图4.5中可以发现,网络密度的增长在2008年和2012年出现波动,主要原因在于2008年出现国际金融危机,导致我国众多中小企业倒闭,经济发展进程缓慢,对长江经济带城市企业绿色转型造成了障碍;2012年中国正处于工业化中后期阶段,其中重化工业快速发展,环境保护压力大,从而导致绿色发展面临多重挑战。

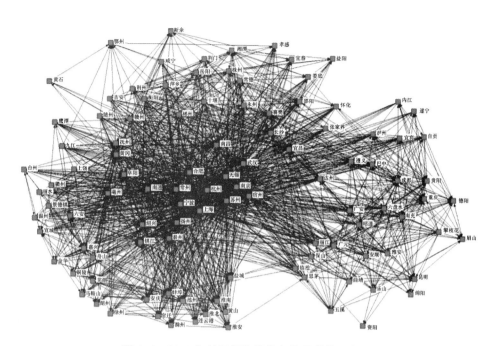

图 4.4　2018 年长江经济带绿色发展整体网络图

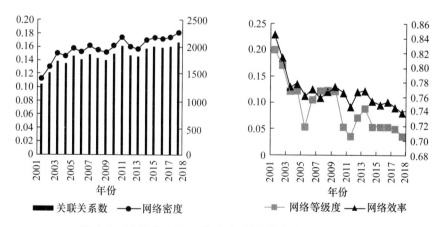

图 4.5　网络关联性、网络密度、网络等级度和网络效率

尽管在数据样本期内的网络密度不断增加,但是从数值上看长江经济带绿色发展空间关联的紧密程度较低,城市之间的最大可能关系总数为 11 556 个(108×107),而数据样本期内城市绿色发展相互关联的关系数最大数额仅 2 090 个(2018 年),因此增强长江经济带城市绿色发展的空间关联还存在较

大发展空间。在网络密度增加的同时，空间关联中冗余连线数量增加，如果超过网络的承载阈值，将会在一定程度上增加绿色资源与要素流动成本，降低资源使用效率，抑制绿色协同发展的推动，所以，只有维持合适的网络密度才能保证绿色发展空间网络充分一体化。

2. 网络关联性

本案例利用 SNA 分析法中的网络效率、网络等级度与网络关联度等多重变量测度刻画长江经济带绿色发展的网络关联性（见图 4.5）。其中，2001—2018 年的网络关联关系数均大于 1 000，表明各城市间的联系非常紧密，存在较为显著的空间关联和溢出效应。网络等级度的测度结果显示数据样本期内长江经济带绿色发展网络的等级度呈曲折降低的趋势。如图 4.5 所示，2005 年和 2011 年网络等级度出现大幅下降，分别下降至 0.054 5 和 0.036 7 左右，表明 2005 年习近平总书记提出的"绿水青山就是金山银山"理念以及 2011 年中央提出的大力培育发展战略性新兴产业相关政策有效打破了以往较森严的绿色发展空间关联结构，城市间绿色发展的空间关联和溢出效应逐渐加强。网络效率的结果表现出数据样本期内长江经济带绿色发展空间关联的网络效率呈平缓下降的趋势，如图 4.5 所示。网络效率从 2001 年的 0.846 2 下降至 2018 年的 0.739 0，说明长江经济带绿色发展效率网络中连线增多，网络稳定性进一步上升。总结以上网络密度、网络等级度和关联度的具体数值变化可知，随着企业绿色转型的不断推进，政府相关政策的支持打破了以往等级森严的绿色发展空间结构。同时，随着长江经济带各城市企业的科技水平和创新能力不断提高，要素市场体系的进一步完善，市场对绿色要素的统筹和配置作用逐步增强，一定程度上减少了各城市绿色发展之间沟通的交易成本，从而造成各城市之间绿色发展的关联数量增加，进而增强了网络稳定性。

（二）中心性分析

本案例对长江经济带绿色发展网络的中心性进行分析，分别测算了长江经济带 108 个城市的度数中心度、接近中心度以及中介中心度，进而揭露长江经济各城市在绿色发展网络中扮演的角色。

1. 度数中心度分析

度数中心度的空间分布如图 4.6(a)所示,可以看出宿州、苏州、无锡、南京等城市具有较高的度数中心度,说明这些城市在长江经济带绿色发展网络中处于中心地位。其原因在于这些城市位于长江经济带下游沿海地区,交通便利,经济发展水平较高,对绿色发展效率整体网络关联及溢出效应提升存在较强的推动力。此外,扬州、绍兴、南昌、长沙、武汉等区域中心城市或省会城市在 108 个城市中排名前 30 位。除成都等少数省会城市和直辖市重庆市位于长江经济带上游外,其余城市大多位于长江经济带中下游,表明长江中下游经济带城市绿色发展的空间关联效应较强。度数中心度较低的十余个城市中,除遂宁、新余、鄂州市外,其余城市处于长江经济带上游,城市绿色发展与其他城市的关系较少,地理位置相对偏远,与其他城市的沟通存在诸多不便,导致绿色发展与长江经济带其他城市之间的空间相关性较弱。

2. 接近中心度分析

接近中心度附近的空间分布如图 4.6(b)所示,在 108 个城市中,排名前五位的是宿州、苏州、无锡、南京和常州,表明这些城市能够快速与其他城市产生联系,在长江经济带中形成绿色网络,发挥核心作用。原因是这些城市交通发达,容易形成人才集聚效应,促进高新技术产业发展,不断提高绿色效率水平。苏州的接近中心度达到 84.252,与长江经济带其他城市的绿色发展网络最为接近。长江经济带下游的接近中心度也处于较高水平。因此,在整个长江经济带的大部分城市中,长江经济带的下游地区在绿色发展网络中属于中心地位。随着进一步完善,绿色发展要素与其他省份的流动将更加高效,获得绿色资源的能力也将更强。区域内接近中心度处于后 10 位的城市基本位于长江经济带上游,受经济发展水平和地理位置的限制,这些城市在网络中扮演着边缘角色。

3. 中介中心度分析

中介中心度的空间分布如图 4.6(c)所示,长江经济带中介中心度排名前5 位的城市是达州、宁波、宜昌、长沙、苏州,对其他城市绿色发展效率的提升具有较强的控制能力。究其原因,长沙、宁波是其城市群的核心城市,达州、宿州、

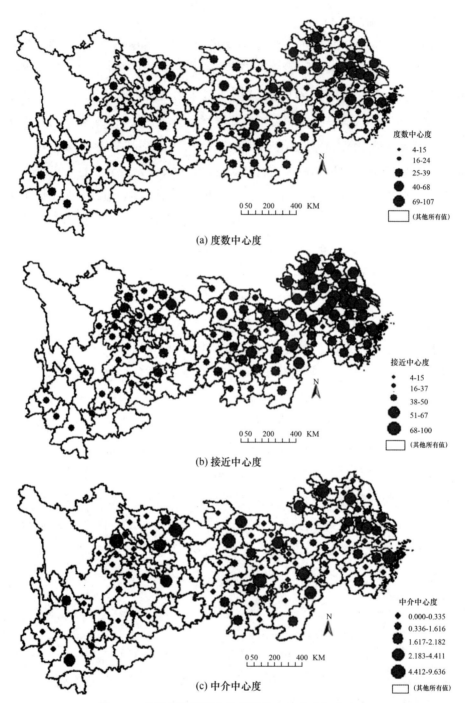

(a) 度数中心度

(b) 接近中心度

(c) 中介中心度

图 4.6　长江经济带绿色发展网络中心度空间分布图

宜昌是长江经济带中游的中心城市。随着长江经济带绿色协调发展战略的实施,这些城市在绿色发展效率的空间关联网络中扮演着中介和桥梁的核心角色,对长江经济带其他城市的控制和支配地位日益加强。中介中心度高值区域(1.617—9.636)的城市中部分属于区域中心城市,部分位于长江经济带下游地区。中介中心度低值区域(0—0.335)的城市数量仅占长江经济带城市总量的不到5%,这些城市交通阻塞,经济发展水平低,人口少,地理位置偏远,因而难以在网络中发挥控制和支配的作用。长江经济带中介中心城市绿色发展网络度差异呈现非均衡特征,存在通过区域中心城市或城市群经济发达城市等核心城市完成绿色发展的现象,这些城市使用它们的资金、技术、信息和人才等要素资源发挥辐射作用,促进周边其他城市协调发展。

长江经济带下游沿海城市的度数中心度、接近中心度、中介中心度均表现出较高的水平,表明这些城市与长江经济带所在地区其他城市有着较强的联系,并在绿色发展网络中发挥中心行动者的作用。而台州、舟山等沿海城市经济相对发达,但由于这些城市地处长江经济带下游,处于长江经济带绿色发展网络体系的边缘,对外经济水平相对较高,与该地区的城市连接很少,也不是长江经济带绿色发展空间关联网络的核心。

(三) 块模型分析

本案例对长江经济带绿色发展网络中城市的点入度和点出度进行了测度,并给出了一个定义:如果点入度大于点出度,则定义为"收益角色";如果点入度小于点出度,则定义为"溢出角色";如果点入度等于点出度,则定义为"中介角色"。从图4.7中可以看出,受益于这些效应的城市主要分布在长江经济带中下游地区。溢出城市主要分布在长江经济带上游的川渝地区。淮南、湖州的点入度等于点出度,在网络中起着中介和桥梁的作用。

本案例通过块模型分析长江经济带绿色发展网络的空间聚类特征,运用CONCOR(Convergent Correlations,迭代相关收敛)方法,选择最大分割深度为2,集中标准为0.2,把长江经济带108个城市划分为四个板块,划分结果如图4.7所示。其中,49个城市位于板块Ⅰ,即郴州、上饶、九江等地,这些城市主要位于长江经济带中游地区。位于板块Ⅱ的成员有27个,包括巴中、益阳、泸

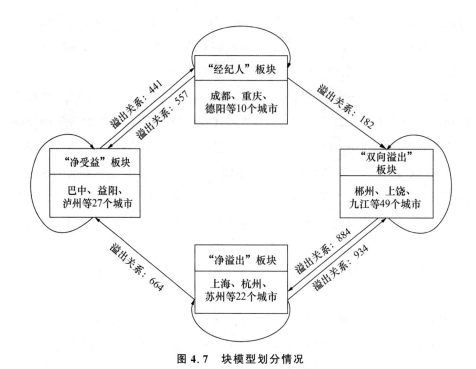

图 4.7　块模型划分情况

州等，这些城市主要集中在长江上游地区。位于板块Ⅲ的成员有 22 个，包括上海、杭州、苏州等，这些城市集中在长江经济带下游沿海地区。位于板块Ⅳ的成员有 10 个，主要由西部地区的城市组成，包括成都、重庆、德阳等。

通过块模型分析，可以探讨 4 个板块在长江经济带绿色发展网络中所处的位置（统计结果见表 4.6）。长江经济带 108 个城市间存在 2 171 个关联关系（以发出关系数计），板块内部的关联关系达到 527 个，板块间的关联关系为 1 644 个，表明长江经济带绿色发展具有显著的空间相关性和溢出效应。发出关系中 884 个位于板块Ⅰ，其中 226 个为板块内部关系。板块Ⅰ接收关系中有 934 个关系来自其他板块的溢出。据测算，期望内部关系比例为 44%，实际内部关系比例为 34%，因此，板块Ⅰ为"双向溢出"的板块，该板块各城市发送和接收来自其他板块的连接，与其他部门的城市有相对更多的连接。板块Ⅱ共有 441 个发出关系，其中 107 个属于内部关系；有 557 个接收关系。期望内部关系比例为 24%，实际内部关系比例为 32%。该板块城市主要分布在长江中上游内陆地区，经济发展水平相对落后，但资源相对丰富，创新能力低，技术水平低,它们主要接受经济发达地区绿色发展技术的溢出效应。因此,板块Ⅱ为"净受益"板块。板块Ⅲ发出关系664个,板块内部关系154个,板块接收关系252个;期望内部关系比率为20%,实际内部关系比率为30%。该板块成员城市主要位于长江下游沿海发达地区,人才相对集中,交通便利,经济和科技处于领先地位。在实现自给自足的同时,它们也会向其他区域溢出资源和技术,因此板块Ⅲ为"净溢出"板块。板块Ⅳ有182个发出关系,板块内部有40个关系,有142个向其他板块发出的关系;期望内部关系比率为8%,实际内部关系比率为28%,因此板块Ⅳ扮演"经纪人"板块的角色,不仅接收外部城市的关系,还将关系发送到其他板块城市,在长江经济带绿色发展网络中充当桥梁和中介。

表 4.6　各大板块统计结果

板块	发出关系数合计(个)		接收关系数合计(个)		期望内部关系比例(%)	实际内部关系比例(%)
	板块内	板块外	板块内	板块外		
板块Ⅰ	226	658	226	934	44	34
板块Ⅱ	107	334	107	450	24	32
板块Ⅲ	154	510	154	98	20	30
板块Ⅳ	40	142	40	220	8	28

注:板块内接收关系数(发出关系数)合计为接收关系矩阵中主对角线上的关系数,板块外接收关系数(发出关系数)合计为接收关系矩阵中每列(行)除自身板块外的关系数之和。期望内部关系比例根据"(板块内城市个数-1)/(网络中所有城市个数-1)"计算;实际内部关系比例根据"板块内部关系数/板块的溢出关系总数"计算。

此外,根据板块之间的相关分布,可计算出四个板块的网络密度矩阵。结果显示,2018年长江经济带绿色开发效率相关的网络密度为0.1879,如果四个板块中任一个板块的网络密度大于0.1879,即该板块的网络密度大于整体网络密度,那么绿色发展资源将更加集中在这一板块。本案例将板块密度大于总网络密度的情况定义为1,板块密度小于总网络密度定义为0,将多值密度矩阵转化为矩阵、密度矩阵和像矩阵,如表4.7所示。如果主对角矩阵上的概率值最多为0,则表示板块内的绿色发展不具有强关联性,且板块之间的相关性不强。板块Ⅲ和板块Ⅳ不仅接收自身内部存在的绿色发展的关联关系,而且还接收来自板块Ⅰ和板块Ⅱ的溢出,说明经济发展水平、绿色发展水平和科学技术水平高的长江经济带下游沿海地区供给相对丰富,先进的科技水平促进绿色发展效率的提高,同时带动周边甚至不同区域内的绿色发展,在长江经济带绿色发展网络中发挥着辐射作用和领导作用。而长江经济带上游地区经济发展落后,创新和技术变革能力弱,更加需要其他区域尤其是具有先进绿色发展能力的城市的扶持和资源输入。在长江经济带绿色发展网络中,各板块发挥着比较优势,联动效应不断提升。

表 4.7　分板块密度矩阵和像矩阵

板块	密度矩阵				像矩阵			
	板块 Ⅰ	板块 Ⅱ	板块 Ⅲ	板块 Ⅳ	板块 Ⅰ	板块 Ⅱ	板块 Ⅲ	板块 Ⅳ
板块 Ⅰ	0.090	0.012	0.681	0.196	0	0	1	1
板块 Ⅱ	0.004	0.171	0.409	0.533	0	0	1	1
板块 Ⅲ	0.224	0.008	0.411	0.000	1	0	1	0
板块 Ⅳ	0.122	0.281	0.109	0.067	0	1	0	0

(四) 长江经济带绿色发展空间网络效应分析

本案例分别从整体网络结构、个体网络结构两个角度实证检验长江经济带网络结构对绿色发展效率的影响以及城市间绿色发展的差异。

1. 整体网络结构的效应分析

由于长江经济带各城市绿色发展效率差距较大,本案例以长江经济带城市绿色发展效率的标准差作为被解释变量,并对网络密度、网络等级度、网络效率三个整体网络结构特征指标进行 OLS 回归(解释变量、被解释变量均取自然对数,回归结果如表 4.8 所示)。

表 4.8　整体网络特征的 OLS 回归结果

被解释变量	城市间绿色发展效率的标准差		
模型	(1)	(2)	(3)
常数项	−5.657***	2.266**	1.189***
网络密度	−2.869***	—	—
网络等级度	—	9.942***	—
网络效率	—	—	0.613***
R^2	0.450	0.438	0.431

注:***、**、* 分别表示 1%、5%和 10%的显著性水平。

本案例利用城市间绿色发展效率的标准差来衡量城市间绿色发展效率的差异。这一指标在一定程度上反映了绿色发展的空间公平性。城市间绿色发展效率差异越小,空间公平性越高。根据表4.8中的回归结果,长江经济带绿色发展空间相关性的网络密度、网络等级和网络效率的回归系数分别为−2.869、9.942和0.613。研究结果表明,网络密度的增加、网络等级度和网络效率的减小可以显著降低城市间绿色发展效率的差异,提高绿色发展资源配置的空间公平性。这一结果也表明,加强长江经济带绿色发展空间关联的网络结构是区域绿色一体化发展的重要驱动机制。造成这一结果的具体原因是,网络密度的提高增加了整体网络连接的数量,并逐渐加大了整体网络结构对各区域绿色发展的影响,有效抑制了城市间绿色发展的空间差异和两极分化的现象。网络等级度的下降通过增加双向连通性,改善了各城市在长江经济带绿色发展网络中的地位。网络效率的降低增加了网络的连通性,打破了绿色发展网络中技术、人力等社会资源被中介中心度较高的区域所占据的局面,提高了整个网络的稳定性。随着长江经济带绿色发展网络结构的不断加强,城市间绿色发展差异不断缩小,绿色发展的空间公平性得到提高,从而进一步促进了长江经济带的绿色一体化发展。

2. 个体网络结构的效应分析

本案例以样本期长江经济带城市绿色发展效率为解释变量,构建面板数据模型,用度数中心度作为回归分析的解释变量,其中包括各城市的度数中心度、接近中心度和中介中心度。从表4.9中的回归结果看,三个中心度指标的回归系数均为正,均通过了1%显著性水平检验,说明长江经济带绿色发展网络中各城市的中心性对绿色发展效率有正向影响,改进后具有显著的促进作用。

表4.9　各城市的中心度回归结果

模型	(1)	(2)	(3)
常数项	2.447***	0.362***	12.775***
度数中心度	0.695***	—	—
中介中心度	—	0.145***	—
接近中心度	—	—	3.102***
F	89.687***	—	65.998***

(续表)

模型	(1)	(2)	(3)
Wald	—	36.788***	—
R^2	0.254	0.243	0.223
Hausman	3.270*	0.018	5.490**
FE/RE	FE	RE	FE

注: ***、**、*分别表示1%、5%和10%的显著性水平。

根据表 4.9 中模型(1)的回归结果,度数中心度的回归系数为 0.695,说明度数中心度每提高 1%,则绿色发展效率上升 0.695%。这意味着各城市在长江经济带绿色发展网络中与其他城市关联范围越广,网络局部关联程度越高,越能增强网络对个体的影响,从而促进绿色发展效率的上升。因此,对于度数中心度高且绿色发展效率高的城市,如上海、杭州等,可以通过加强与其他城市的联系发挥其辐射作用。根据模型(2)的回归结果,中介中心度的回归系数为 0.145,说明中介中心度每提高 1%,则绿色发展效率上升 0.145%。这意味在长江经济带绿色发展网络中,中介中心度的提高会加强与其他城市的比较优势,在网络中可以更加精准地控制和引导各城市绿色资源流动的方向和数量,加强其空间溢出效应,进而促进长江经济带绿色发展网络各城市绿色发展效率的提升。因此,对于中介中心度较高且绿色发展效率低的城市,如宜昌、宿州等,可以进一步提升自身在绿色发展网络中的地位,加强与其他城市之间的绿色交流,有效接收外来资源,从而提高绿色发展效率。根据模型(3)的回归结果,接近中心度的回归系数为 3.102,说明接近中心度每提高 1%,则绿色发展效率上升 3.102%。接近中心度的提高使得网络中各区域相互关系更加紧密,从而提升整体网络结构对各城市绿色发展的影响,有利于绿色发展效率的提升。因此,对于接近中心度较小且绿色发展效率较低的城市,如长江中上游城市群,可以通过加强与绿色发展网络中长江下游地区城市的关联提升绿色发展效率。

第四节　资源环境流空间模型与案例

一、流空间概述

20 世纪 60 年代末以来,信息技术的迅速发展,尤其是进入 90 年代以来计算机网络化趋势与数字技术的出现,使得全球经济社会更加开放和网络化,人员、知识等生产要素之间的流动变得频繁且容易,各国发现信息技术不仅带来了生产工具的更新升级,也对原有的社会经济体系产生了极大冲击,新技术所带来的社会结构变化逐渐成为西方学术界争论的热点,学者们纷纷提出解释信息时代社会经济深层变化的理论框架,在这种背景下流空间理论应运而生。著名社会学家曼纽尔·卡斯泰尔(Manuel Castells)于 1989 年在其著作《信息化城市》中提出"流空间"这一概念,后来又在其"信息时代三部曲"之一的《网络社会的崛起》一书中对"流空间"的概念进行了详细阐述:他将流空间定义为"通过流动而运作的可以共享时间之社会实践的物质组织",并以"空间""节点""流动"等为关键词,构建了一个解释信息时代社会结构变迁的全新理论框架,使之成为信息时代空间理论的典范与指导信息时代社会学、城市地理学研究的重要理论根基。在该框架下,科学技术尤其是信息技术的飞速进步加速了"地方空间"的消解,人才、资本、信息等生产要素不再拘泥于逼仄的现实空间而发生流变,通过城市、企业甚至虚拟网关等节点所组成的网络进行传输,从而成为全球化的资源。流空间不只是电子空间,还包括与"流"有关系的人和物,如人口流、物质流、经济流等在城市空间中的流通等。传统工业时代原有的生产空间因此被重塑,新的流动空间得以形成,空间内本来相隔遥远的区域、人才、信息等获得重新排列的机会,空间运作的机理也从以往空间的固定转为流动,一种"不必地理邻接即可实现共享时间的社会实践的物质组织"已然成形,即流空间(也称作流空间组织)。

流空间是相对于地方空间的新空间逻辑,当前,流空间是地理学重点关注的学术议题及研究视角。信息技术与互联网通过信息流这一流动空间让社会再度结构化,区域间联系更加密切,地方空间逐渐向流动空间转变,流动空间将成为当今社会的主导性空间形式。当今社会是由一系列流构成,包括信息流、人流、资金流、物质流、技术流及社会组织性互动的流等,这些流不仅仅是社会组织要素,并且能够改变区域关系结构及社会活动组织方式,而区域空间为这些流提供地理空间支撑。Castells(1989)认为流空间是不必空间邻接也可以在时间上实现互通的,同时在物理实体上也能实现交互的新型空间组织方式。随着信息技术及互联网的快速发展,区域城市间联系受到空间场所距离的限制越来越小,区域城市之间的信息、资金、人员等交流频繁,从而区域空间内形成流空间,极大缩短的时空距离对区域流时空形成起到重要作用。流空间成为冲破传统行政区阻碍的主要利器,有助于实现区域跨越式综合治理的空间格局。流空间理论对传统地理距离的颠覆引起地理学术界的广泛关注,区域间流的存在离不开空间场所及地方空间的支持,同时需要一定的传播媒介,从本质来看,流空间是一种动态化的网络社会空间。流空间的出现赋予了"场所空间"以动态化意义,极大地拓展了空间结构的研究视野,为区域及城市地理方面的相关研究带来了新的视角,为地理学界研究提供了一些崭新的思路,受到了国内外众多学者的广泛关注,引起了学界的普遍重视,也为网络的形成提供了依据。

孙中伟等(2005)从地理学角度总结了流空间的基本性质:信息与通信技术(ICTs)的发展使得信息流、人流、物流、资金流、技术流在全球范围内流动,从而导致经济结构的改变,引起公司组织方式的变化,空间形态由静态的位空间向流动的流空间转换,流空间在这样的"技术—经济—空间"模式下形成。路紫构建的流空间的"技术—经济—空间"模式如图4.8所示。

流空间相较于位空间具有不同的特征属性。流空间的特征包括:① 瞬时性和流动性。在流空间中,以距离单位测量的绝对空间上的邻近让位于以时间单位测量的相对空间上的邻近。流空间较位空间最大的进步在于构筑了流动,流动和联系成为当今社会的主要特征。流空间和各种流的功能、价值也将由流动过程来定义,随着节点和网络的变化,流将被它通过的节点重组。② 网络化和物质化。流空间的空间网络是一种高级一体化的网络结构。此

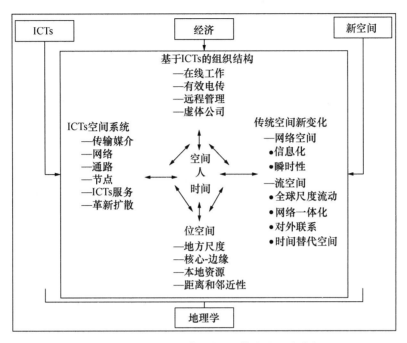

图 4.8　"技术—经济—空间"模式作用流空间

处的网络化与区域发展过程中的网络化的不同之处有:以信息网络为基础架构,以全球为范围,系统一体化趋势明显,组织的紧密性和强度增加,处于不断壮大和扩展之中。物质化仍然是流空间的外部形态之一。它与位空间中的物质化相比有两个特点:它是信息流引导作用下的物质流,通过交通廊道实现位置移动,因此它的流动更趋于合理和有序,在此基础上达到流量最小、流速最快的目标;同时,物质流对信息流有反馈作用,这与流空间、位空间的相互作用关系一致,认为流空间是基于传统位空间之上或渗透其中的一种空间也是合理的。

　　流空间是地理空间和网络空间融合后形成的地理网络空间的外在表现。Castells(1989)认为流空间是通过时间控制促使信息流动及物质流动的一种社会组织形式。孙中伟等(2005)认为流空间是在网络空间导引下位空间的新表现形式,强调时间层面的信息交流和距离层面的物质移动的相互作用。具体表现如图 4.9 所示。

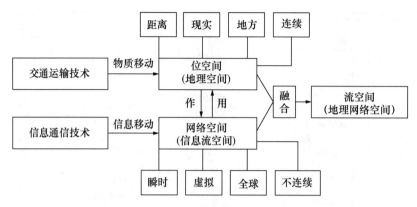

图 4.9　流空间与地理网络空间关系

流空间完全不同于位空间(见表 4.10)。对照有固定位置的空间概念,流空间代表了一种动态的空间理念。它强调在信息流的引导下,生产和组织不再局限于固定的地理区位,而是在全球范围内流动。在流空间,社会功能与权力在流动中组织,根本地改变了固定地点的意义。流空间与位空间的相互作用体现在四个方面:一是协同作用,指流空间和位空间将同时存在、相互影响和共同发展;二是替代作用,指信息流代替物质流,流空间代替位空间;三是增强作用,指 ICTs 的潜在应用对交通网络的容量、效率和吸引力以及由信息流衍生的新的物质流的改善;四是补充作用,信息流可实现位空间由于距离约束不能实现的瞬时交流或其他,如一些特殊事件的紧急处理、流动的网络信息传递和查询等。

表 4.10　流空间与位空间的对比

空间类型	基础技术	主导状态	空间结构形态	作用范围	主导因素	发展取向	效益取向
位空间	交通运输	静止	核心—边缘	区域	距离	本地资源	经济效益
流空间	信息通信	流动	网络化	全球	时间	对外联系	时间—经济效益

Castells 在《信息化城市》一书中提出:城市在发展过程中,各个组织和单位之间的网络关联其实就是一种新的空间关系,而这种空间关系在信息经济时代主要受到信息流动的影响,网络连接使得各组织所处的空间呈现出一种流空间形态。城市问题是 Castells 流空间理论关注的焦点。网络需要节点,全球城市是流空间的原始节点或中心,流空间是"联接围绕着共同存在,同时发

生的社会实践"的地方的网络,同时也是经济、社会、政治活动的集群地点,而城市则成为这些社会实践与各种活动的容器(Castells,1989)。

　　流空间的结构应该包括四个层面:① 流要素。流要素可以分为物质流和非物质流,非物质流一般可以直接负载于信息流,在流空间中进行自由地传输,而物质流则更多的是通过将物质流传递过程信息化,进而提高物质流的配置效率。流要素决定流空间的基本特征。② 流载体。流载体是流空间中流要素交流的通道,是流空间成长的平台,流载体的建设影响流空间的格局。③ 流节点。流空间以网络的形式存在,流节点是流空间网络的重要部分。④ 流支配系统。流空间的组织形式不仅随着流要素的属性、流载体特征及流节点的位置变化,还受到流支配系统的影响。流支配系统使得流要素在流空间内并不完全自由传输,常见的如非物质流系统的信息管控、物资流中的传输管控等。

二、流空间模型

(一) 流的分类

　　流要素决定流空间的基本特征。物质、能量、信息三者的有机联系共同构成了世间万物及其整体,而背后支撑和维系这种有机联系的是流通。流要素可以分为物质流和非物质流,随着信息技术的发展,流的形式逐渐分化,在当前的流空间中,流主要表现为信息流、物质流、能量流三种。

　　董超(2012)对流空间的地理属性进行了阐述。从流空间的物质组织空间形态来看,其内在的流要素本身以及物理运动过程均需要物化的场所空间支撑,例如,道路交通设施、网络通信设施和终端设备以及城乡经济社会流空间等物化地理空间对各种流(主要包括人口流、物质流、能源流、资金流、技术流、信息流和文化流等)运动与传输的支撑(见表4.11)。显然,流空间本身的物质要素组成及其运动过程表现出的流空间格局已内嵌或物化在场所空间上面。流空间要素的作用主要体现在流空间要素在运动过程中表现出的"交织"与"发酵",即一种流要素在运动过程中内含于另外一种或几种流要素,并且通过这种相互"交织"强化流空间效率与功能。

表 4.11　流空间与物化空间

流空间要素	物化空间	流空间
信息流	通信设备网络	网络流空间
人口流、物质流	交通设施路网	交通流空间
人口流、物质流、信息流、文化流等	城乡地域空间	地域流空间

1. 信息流

信息流的广义定义是指人们采用各种方式来实现信息交流,从面对面的直接交谈到采用各种现代化的传递媒介,包括信息的收集、传递、处理、储存、检索、分析等渠道和过程。信息流既包括商品信息的提供、促销行销、技术支持、售后服务等内容,也包括诸如报价单、付款通知单等商业贸易单证,还包括交易方的支付能力、支付信誉、中介信誉等。

2. 物质流

物质流是指物质之间的互相转换、传递的过程。物质流是生态系统中物质运动和转化的动态过程。构成生物体的各种物质,如氮、磷、钾、碳、硫、水和各种微量营养元素以及一切非生命体构成的必要物质,在生态系统中常处于传递、转化的动态过程中。

3. 能量流

能量流就是能量的转化和传递,比如热传递、做功等。能量流是能量在生态系统中的流动过程。太阳辐射的能量转变为植物的化学能,然后通过食物链,使能量在各级消费者之间流动,构成能量流。

(二) 流空间分析的一般步骤

流作为传导信息的一种载体形式,体现了强有力的空间关联,常常与网络分析方法等多种方法结合用于研究应用。流空间本质上来说体现的就是流空间网络,当前流空间分析的一般步骤如下。

1. 流的识别与度量

流要素决定流空间的基本特征。本质而言,研究问题的属性决定流要素的存在形式,由此,识别研究问题中的流并将流合理地量化(或者说测量)出来十分必要。针对不同的流的分类有不同的测度方法,比如信息流当前主要采用大数据爬虫的做法,物质流主要依据研究区域的统计数据等,能量流需要涉及能量转换过程中的传导过程。总体而言,流的识别与度量是展开流空间分析的第一步。

2. 流空间网络的构建

流的传播形式决定了流以网络的形式存在于社会空间中并发挥作用,因此在量化流之后需要将流引入构建流空间网络。流空间网络流的独特存在使得空间权重矩阵加入了新的特征,因此相比社会网络而言,流空间网络突破了传统社会网络的"距离"限制,在传导过程中更加具有效率。

3. 网络特征的识别

流空间分析本质上就是流作为空间关联要素以空间网络的形式传导,因此流空间分析继承了社会网络分析的基本分析范式,是社会网络分析方法的延伸应用。流空间网络的整体网络特征、个体网络特征等成为流空间分析最主要的部分,同时,流空间分析摒弃了块模型分析的部分,而引入凝聚子群分析等内容,使得流空间网络特征更具有针对性。

4. 网络结构因素分析

在进行常规的流空间网络的分析后,通常还要探究流空间网络结构的因素。通常采用 QAP(Quadratic Assignment Procedure,二次指派程序)分析的方法对流要素与空间结构的相关性进行研究,通过相关性分析,探究影响网络结构的相关因素,为提升网络结构水平提供合理的建议。

三、案例应用

刘耀彬等(2021)从信息联系的角度来分别探究工作日与节假日的城市网络联系特征,揭示城市之间在生产与生活方面的关联格局的差异。我国实行工作日与法定节假日制度,工作日是社会大部分行业集中进行生产活动的时段,法定节假日则供人们进行庆祝活动、旅游度假或休息,体现了不同行为主体的生活方式。城市之间的人流、物流与资金流等空间网络联系在工作日与节假日期间呈现出不同的特征。信息技术的发展使城市之间的信息互动越来越频繁,信息传输的内容也更加多样,在一定程度上可以综合反映不同城市微观主体之间的相互作用关系及其城市网络格局。

在"百度指数"平台中以"地区"为关键词进行搜索,获得基于电脑端与移动端的 31 个城市之间的互相关注度,以此来象征城市之间的信息流往来。选取从 2018 年 9 月 1 日至 2019 年 5 月 31 日期间所有的周一至周五(法定节假日除外)的用户关注度日均值作为工作日的基础数据,2018 年 10 月 1 日至 10 月 7 日的日均值作为国庆节的基础数据,2019 年 2 月 4 日至 2 月 10 日的日均值作为春节期间的基础数据,以此构建三个不同时期的 31×31 的信息流联系矩阵。

(一) PageRank 算法

PageRank 算法最初来自谷歌的两位创始人拉里·佩奇(Larry Page)和谢尔盖·布林(Sergey Brin)对网页的重要性进行排序问题的研究。其核心思想是,如果一个网页被很多其他网页链接到,那说明这个网页比较重要,PageRank 值也会相对较高,并且如果一个 PageRank 值很高的网页链接到一个其他的网页,那么被链接到的网页的 PageRank 值也会因此而提高。在城市网络的研究中,则可以用各城市节点来替代网页,从而衡量每个城市在整个城市网络中的重要程度。其计算公式为:

$$U_n = \alpha M U_{n-1} + (1-\alpha)U_0 \tag{4.4.1}$$

其中,U_0 为每个城市的初始化值,M 为记录城市之间互相关注度的邻接矩阵,U_{n-1} 为 U_0 与 M 乘积迭代 $n-1$ 次的结果,α 为阻尼因子,一般取 0.85。

(二) 社会网络分析

(1) 信息流强度计算方法。两城市间的信息流联系强度 C_{ij} 用相互往来的流量乘积来表示:

$$C_{ij} = T_{ij} \times T_{ji} \tag{4.4.2}$$

其中,T_{ij} 为从城市 i 到城市 j 的流量,T_{ji} 为从城市 j 到城市 i 的流量。城市 i

的入度 I_i 为城市群中其他城市流入城市 i 的总流量，其出度 O_i 为城市 i 流向其他城市的总流量：

$$I_i = \sum_{j=1} T_{ji} \qquad (4.4.3)$$

$$O_i = \sum_{j=1} T_{ij} \qquad (4.4.4)$$

城市 i 的信息流中心度 N_i 为其入度与出度之和：

$$N_i = I_i + O_i \qquad (4.4.5)$$

（2）凝聚子群密度（External-Internal Index），即 EI 指数，用来反映整体网络中的组团分派程度，其取值范围为 $[-1,1]$。当 EI 指数越接近 1 时，子群内部的联系密度显著低于与子群外部的联系密度，组团程度越小；当 EI 指数越接近 0 时，表明子群内外的联系密度基本持平并互相融为一体，不存在明显的组团现象；当 EI 指数越接近 -1 时，子群内部的联系密度显著高于与子群外部的联系密度，具有明显的组团特征。借助 EI 指数值，可以判断城市群中是否存在明显的边界阻碍作用，反映整个城市群的一体化程度。计算公式为：

$$EI = \frac{EL - IL}{EL + IL}, \quad EL = \frac{R_e}{k(n-k-1)/2}, IL = \frac{R_i}{k(k-1)/2} \qquad (4.4.6)$$

其中，EL 为子群与外部的联系密度，IL 为子群内部的联系密度，R_e 为子群与外部的联系总量之和，R_i 为子群内部的联系总量之和，n 为网络中的全部节点数，k 为子群内部的节点数。

（3）QAP 分析是以对关系数据的置换为基础，通过对两个（或多个）矩阵中对应的元素值进行比较分析得到两个矩阵的相关系数，然后对矩阵的行与列进行随机置换，重新计算其相关系数并重复这个过程几百次甚至几千次，最后用得到的相关系数的分布进行非参数检验的方法。

（三）城市节点特征

通过式(4.4.2)至式(4.4.4)计算得出每个城市与所有其他城市的百度指数关注度之和作为其信息流中心度，中心度越高，则城市在网络中的等级越高，重要性越强。结果表明，工作日、春节与国庆节期间每个城市的中心度的平均值分别为 5 047、5 175、5 791，可见相比于工作日，在节假日期间城市之间的信息流往来更加频繁。通过图 4.10 可以发现在信息流所刻画的城市网络中，其城市中心度的位序—规模分布图与幂函数曲线具有很高的相似度，并且在三个时间段中,武汉、长沙与南昌三个省会城市的中心度之和分别占到了城市群中心度总和的23.6%、22.2%与23.9%,体现出长江中游城市群信息流网络的无标度特征,具有一定的偏好性与自组织性,反映出三个省会城市发挥着重要的枢纽作用。

用Python语言计算出各个城市的PageRank值,PageRank算法考虑了不同等级的城市连接到该城市时对其中心性所造成的不同程度的影响,PageRank值越高,则说明该城市在城市群中越受关注与欢迎,越能综合反映一个城市在区域中的连接性与重要性(图4.11)。将各城市在春节和国庆节期间与工作日的PageRank排名变化之差分别记作V_{SF}和V_{ND},并根据V_{SF}与V_{ND}之和将所有城市分为三种类型(表4.12)。

表4.12　三种城市联系类型划分

城市联系类型	PageRank变化	城市
假日活跃型	$V_{SF}+V_{ND}\geqslant5$	萍乡、吉安、抚州、咸宁、天门、荆门、娄底
工作忙碌型	$V_{SF}+V_{ND}\leqslant-5$	潜江、孝感、鄂州、黄石、常德、仙桃、株洲、衡阳
综合发展型	$-5<V_{SF}+V_{ND}<5$	武汉、长沙、南昌、荆州、宜昌、景德镇、襄阳、九江、岳阳、宜春、上饶、黄冈、益阳、鹰潭、新余、湘潭

(四) 城市网络空间组织特征

1. 城市网络结构特征

为了对比长江中游城市群在工作日与节假日的空间网络结构特征,分别根据工作日、春节、国庆节期间区域内各城市之间的信息流联系强度矩阵绘制城市网络流量流向图,并运用自然断点法根据信息流的联系强度大小从强到弱依次划分为骨干网络、主干网络与基础网络三个层级(图4.12)。

工作日、春节与国庆节期间城市之间的平均联系强度分别为11 736、11 947和15 971,节假日成为城市间进行信息交流的高峰期。① 从主干网络来看,工作日中网络密集度更高,边缘城市的参与性更强,城市的联系范围更广,而节假日中呈现出显著的"核心—边缘"结构。这反映出工作日中城市网络的进入门槛更低,各个城市或多或少地都在整个网络体系中发挥着相应的功能与作用,但在节假日中的信息流资源更集中于自身发展条件更好的城市

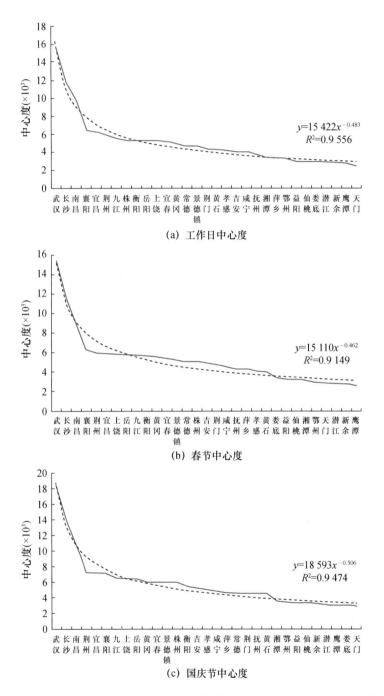

(a) 工作日中心度

(b) 春节中心度

(c) 国庆节中心度

图 4.10 工作日与节假日(春节与国庆节)期间各城市信息流中心度位序图

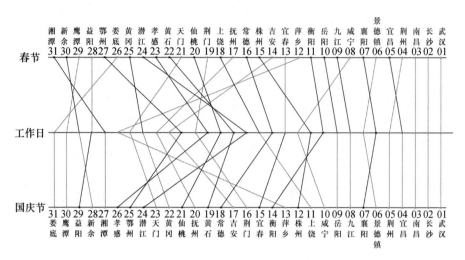

图 4.11　工作日与节假日(春节与国庆节)期间各城市 PageRank 排名变化图

节点之间,这使不同网络层级之间的差距被拉大。工作日中其主干网络基本达到了全覆盖,每个城市节点都融入了城市群的主干结构中,而在节假日中,少数城市如新余,由于自身发展水平较低且缺乏吸引力,与周边城市的信息联系较弱,因而被孤立于主干网络之外。同时在工作日期间,其省域间的主干联系明显多于节假日,并且具有跨度大、范围广的特点。而在节假日期间,其主干网络的分布更加集中,形成了以三个省会城市为中心向各自子城市群发散的"星形"结构,跨省域的联系较少。② 骨干网络在空间上的分布呈现非均衡化特征,工作日相比于节假日的网络结构更加完善。这反映出信息资源在空间分布上的差异性受工作日与节假日的影响较小,但在工作日中仍然能保持核心联系的完整性与连通性。在三个时间段中其骨干联系始终集中在城市群的西部,在春节期间由于环鄱阳湖子城市群的信息流联系强度整体偏弱,未能参与到骨干网络中。工作日与国庆节期间基于信息流的"中三角"结构成为连接三个子城市群的互通廊道,但在工作日增加了武汉—荆门、长沙—常德两条骨干联系,使整个网络结构有了更广泛的支撑点,而春节期间的骨干结构则略显松散。

2.城市网络集散组织特征

城市要素流的有向性是城市网络研究的一个重要特征。信息流在城市间

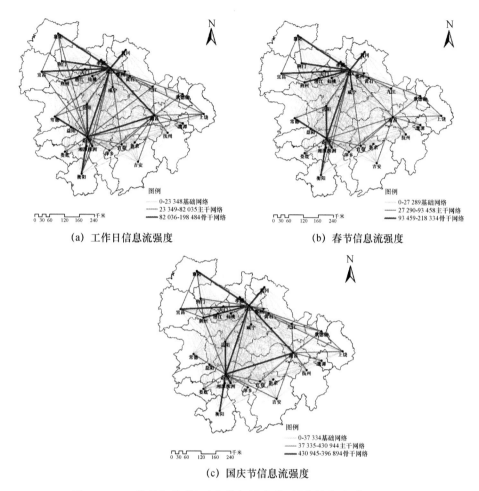

(a) 工作日信息流强度

(b) 春节信息流强度

(c) 国庆节信息流强度

图 4.12 工作日与节假日(春节与国庆节)城市信息流联系网络图

的有向流动与各个城市在区域中所扮演的功能角色有密切的联系。因此,为了分析长江中游城市群的集散组织特征,借鉴优势流分析方法将城市分为集聚/辐射核心城市、中心城市与一般城市。集聚/辐射核心城市为城市群内有半数及以上城市的首位流出/流入指向它,集聚/辐射中心城市为有 3 条以上、半数以下的首位或次位流出/流入指向它,其余城市为一般城市。

从信息流集聚的优势流来看(图 4.13):① 三个省会城市在工作日与节假日中均吸纳了其子城市群内 50% 以上的城市的首位流出,是其子城市群内的信息流集聚核心城市。这反映出武汉、长沙与南昌始终作为城市群中资源要素聚集的三大中心枢纽,并且在空间上呈现出明显的属地特征。② 景德镇、襄阳、荆州、株洲等城市在工作日与节假日期间扮演着集聚中心的重要角色。在工作日期间,景德镇分别吸纳了其子城市群内 2 条首位流出与 2 条次位流出,襄阳与株洲分别吸纳了各自子城市群 4 条与 3 条次位流出,其集聚能力仅次于各自省会城市,是其子城市群内的集聚中心;在春节期间,优势流没有呈现出明显的集聚特征,且省内互动活跃,省际关系较为疏远,其中景德镇、荆州、衡阳与襄阳均吸纳了其各自子城市群内 3~4 条的首位或次位流出,为局部区域内的集聚中心城市;在国庆节中,景德镇吸纳了 3 条首位流出,荆州、宜昌与株洲则分别吸纳了 7 条、4 条与 3 条首位或次位流出,是局部区域的集聚中心。这反映出春节归乡探亲的节日性质使优势流流出的空间分布较分散无序,并且在空间上呈现出一定的地理邻近性;而国庆节期间相反,信息流的流出指向性更强,集聚中心城市对周围城市的主导作用显著强于工作日与春节。

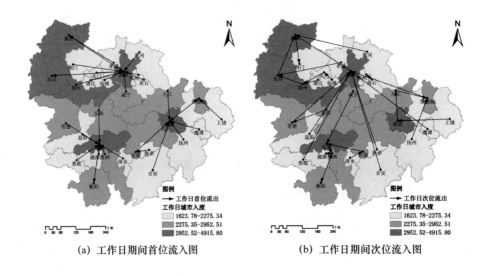

(a) 工作日期间首位流入图　　　(b) 工作日期间次位流入图

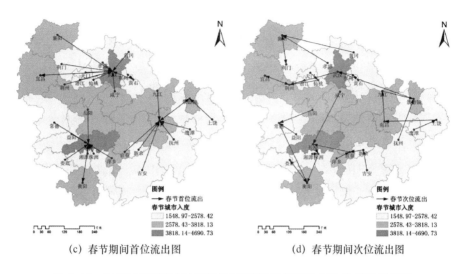

(c) 春节期间首位流出图　　　　　　　(d) 春节期间次位流出图

图4.13　工作日与节假日(春节与国庆节)期间首位与次位流出联系图

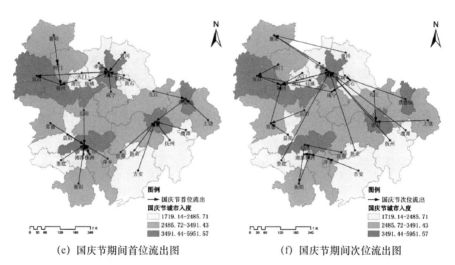

(e) 国庆节期间首位流出图　　　　　　(f) 国庆节期间次位流出图

图4.13　工作日与节假日(春节与国庆节)期间首位与次位流出联系图(续)

从信息流扩散的优势流来看(图4.14):① 武汉掌控全局的能力较强,是整个长江中游城市群的辐射核心。武汉在节假日中联系了整个城市群内50%的城市的首位流入,说明武汉作为中部地区唯一的副省级城市,在政治、经济、文化、交通等各方面都具有显著的优势,因此对其他城市具有较强的带动作用。而长沙与南昌在三个时期中均联系了其子城市群内50%以上的首位流入,是其子城市群内的辐射核心。② 节假日期间,具有主导性的辐射核心城市的作用被削弱,其他节点城市的外部性得以体现,呈现出多中心化的格局。这反映出工作日中核心城市的外部影响更为强势,节假日中除核心城市以外的节点城市,尤其是一些人口集聚数量较多的城市,其对外联系的主动性增强。节假日使这些城市的发展更有活力,并成为假期中暂时的对外辐射热点。在工作日期间,武汉、长沙与南昌共吸纳了 87.1%的首位和次位流入,而在春节和国庆节期间,则分别共吸纳了 74.2%和 79.0%的首位和次位流入,明显低于工作日。同时在工作日期间,只有长沙与武汉两个次级流入的辐射中心,而在节假日期间增加了南昌与黄冈,其中黄冈联系了其子城市群内 50%以上的次级流入,成为武汉城市圈内的辐射中心城市。

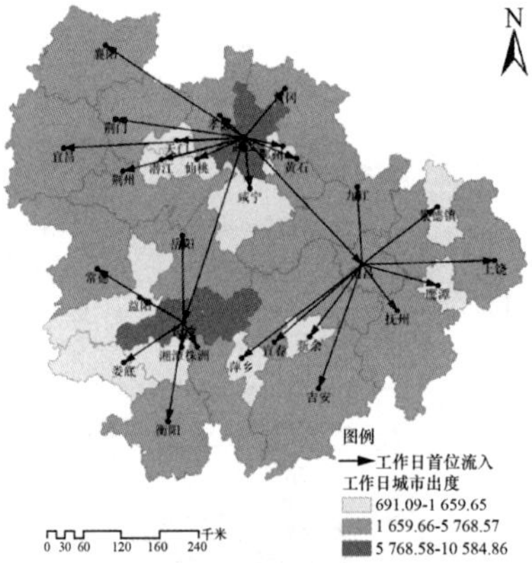

(a) 工作日期间首位流入图

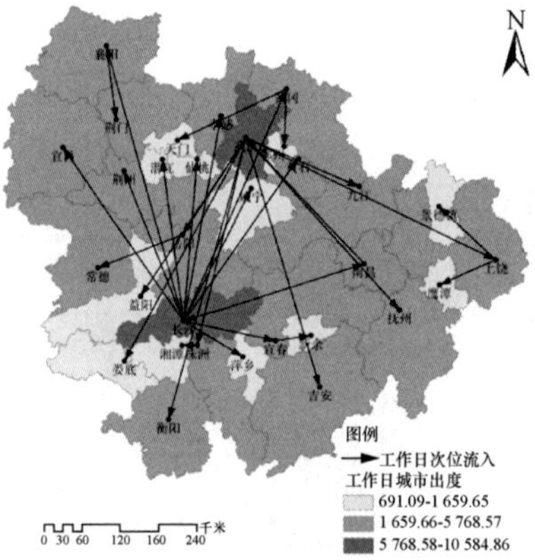

(b) 工作日期间次位流入图

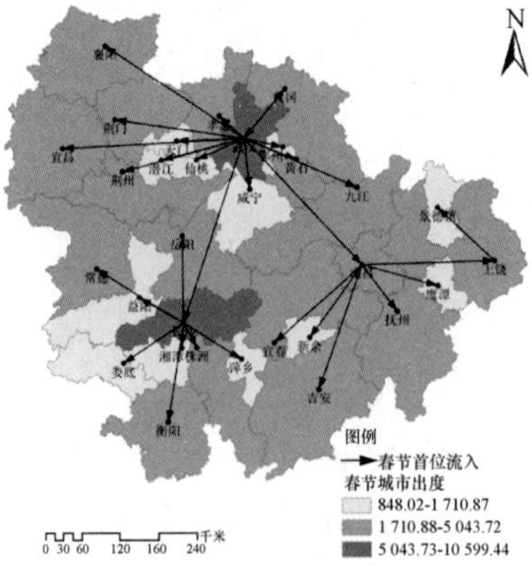

(c) 春节期间首位流入图

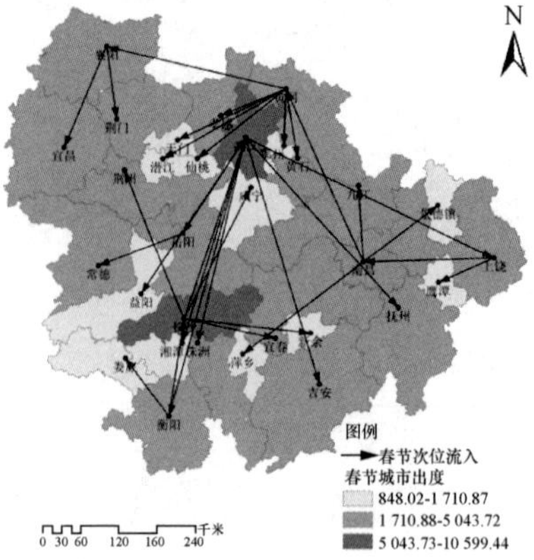

(d) 春节期间次位流入图

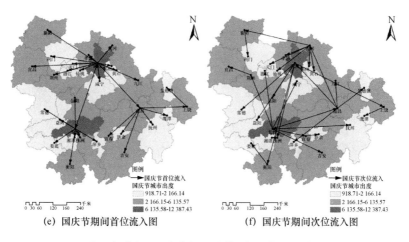

(e) 国庆节期间首位流入图   (f) 国庆节期间次位流入图

图 4.14   工作日与节假日(春节与国庆节)期间首位与次位流入联系图

(五) 城市群子群特征分析

城市群子群特征分析主要包括两个方面:子城市群联系强度和凝聚子群密度。流空间分析中,子群联系强度表征了以流为载体的子空间之间的联系强度高低;凝聚子群密度表征了各子空间的独立程度,或者说是各子空间相互融合的程度。

1. 子城市群联系强度分析

通过计算三个时期内每两个子城市群之间信息流往来的平均联系强度得到图 4.15。① 从不同时期阶段来看,在节假日期间三个子城市群内部以及两两子城市群之间的信息流联系密度普遍高于工作日,特别是在国庆节中,相比于工作日其平均增长率达到了 15.4%,反映出节假日活动促进了整个城市群的信息交流与传播。② 从子城市群相互作用的角度来看,在三个时间段中,长株潭城市群内部的信息流联系密度始终高于其余二者,武汉城市圈与环鄱阳湖城市群之间的信息联系强度最低,而环鄱阳湖城市群与长株潭城市群的联系强度较高。这反映出三个子群之间的相互作用关系受工作日与节假日的影响较小,同时也反映出相比于其他两个子群,长株潭城市群从内到外都形成了较为良好的信息互动机制。

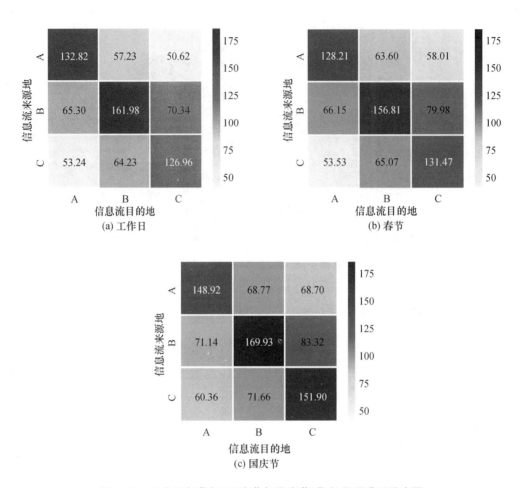

图 4.15 工作日与节假日(春节与国庆节)期间子群联系强度图

注:A、B、C 分别代表三个子城市群名称,即 A 为武汉城市圈,B 为长株潭城市群,C 为环鄱阳湖城市群。

2. 凝聚子群密度分析

EI 指数可以用来测度长江中游城市群内各个子城市群的独立程度,也可以看作三个子城市群互相融合的程度(表 4.13)。

表 4.13 工作日与节假日(春节与国庆节)期间三子群 EI 指数

城市群名称	工作日	春节	国庆节
武汉城市圈	−0.327	−0.282	−0.305
长株潭城市群	−0.246	−0.200	−0.204
环鄱阳湖城市群	−0.222	−0.203	−0.226

（六）城市网络结构相关因素分析

1. 城市网络 QAP 相关分析

为进一步验证上述结果的可靠性并探究其相关因素,分别选取地区生产总值、在岗职工工资总额、专利申请数及互联网宽带接入用户数来构成城市的生产工作要素,同时选取接待旅游人次、综合旅游收入、公路客运量及博物馆数构成城市的生活休闲要素,另外为考虑地理邻近要素对信息流网络结构的影响,将地理公路距离及省级行政约束也作为观察指标。由于QAP分析是以关系矩阵数据作为分析对象,因此将城市属性向量数据均转换为城市属性关系矩阵。在省级行政约束指标中,按照同省城市的对应矩阵元素设定为1,异省城市设定为0的方法构建关系邻接矩阵。QAP相关分析结果见表4.14。

表 4.14　工作日与节假日(春节与国庆节)城市网络 QAP 相关分析

相关要素	指标	工作日	春节	国庆节
生产工作要素	地区生产总值	0.759***	0.718***	0.742***
	在岗职工工资总额	0.759***	0.712***	0.745***
	专利申请数	0.758***	0.715***	0.748***
	互联网宽带接入用户数	0.764***	0.730***	0.747***
生活休闲要素	接待旅游人次	0.634***	0.619***	0.639***
	综合旅游收入	0.654***	0.634***	0.658***
	公路客运量	0.290**	0.313**	0.291**
	博物馆数	0.628***	0.621***	0.635***
地理邻近要素	地理公路距离	−0.418***	−0.410***	−0.419***
	省级行政约束	0.468***	0.440***	0.427***
样本量		756	756	756

注：***、** 分别代表在1%和5%的水平上显著。

2. 研究结论

QAP相关分析对比了生产工作要素、生活休闲要素、地理邻近要素对于工作日、春节和国庆节的不同影响,可以得出如下结论。

（1）生产工作要素中的地区生产总值、在岗职工工资总额、专利申请数及互联网宽带接入用户数4项指标与工作日网络的正向相关性均高于春节和国庆节网络。

（2）生活休闲要素中的接待旅游人次、综合旅游收入及博物馆数 3 项指标与国庆节网络的正相关系数最高,与春节网络相关性最弱,公路客运量与 3 个时间段信息流网络的相关性不强,但与春节网络的正相关程度略高于其余二者。

（3）地理邻近要素中地理公路距离与城市间信息流联系显著成反比,其中与国庆节网络的负相关程度最高,与春节网络的负相关程度最低,而省级行政约束与工作日网络的正相关性高于节假日网络。

本章参考文献

Barnes, John A. Class and commitees in a Norwegian Island Parish[M]. Human Relations,1954.

Bott E. Family and social network[M]. London:Tavistock Publications, 1957.

Castells M. The informational city:information technology, economic restructuring, and the urban-regional process[M]. Oxford:Blackwell, 1989.

Costanza R, d'Arge R, de Groot R, et al. The value of the world's ecosystem services and natural capital [J], Nature, 1997, 387:253 - 260.

Gardner I A, Eamens G J, Turner M J, et al. Toxigenic type D Pasteurella multocida and progressive atrophic rhinitis in New South Wales pig herds[J]. Australian Veterinary Journal, 1991, 68(11):364 - 365.

Gustafson E J. Quantifying landscape spatial pattern:what is the state of the art? [J]. Ecosystems, 1998, 1:143 - 156.

Hanski I. Metapopulation dynamics[J]. Nature, 1998, 396(6706):41 - 49.

Harris L D. The fragmented forest:island biogeography theory and the preservation of biotic diversity[M]. Chicago:University of Chicago Press, 1984.

Jaafari S, Sakieh Y, Shabani A A, et al. Landscape change assessment of reservation areas using remote sensing and landscape metrics (case study:Jajroud reservation, Iran)[J]. Environment, Development and Sustainability, 2016, 18(6):1701 - 1717.

Li H, Reynolds J F. On definition and quantification of heterogeneity[J]. Oikos,1995,73:280-284.

Liu W, Chang A C, Chen W, et al. A framework for the urban eco-metabolism model: linking metabolic processes to spatial patterns[J]. Journal of Cleaner Production, 2017, 165:168-176.

Melly B L, Gama P T, Schael D M. Spatial patterns in small wetland systems: identifying and prioritising wetlands most at risk from environmental and anthropogenic impacts[J]. Wetlands Ecology and Management, 2018, 26(6):1001-1013.

Malinowski B. A scientific theory of culture and other essays[M]. Chapel Hill: University of North Carolina Press; London: Humphrey Milford, Oxford University Press. 1944.

Simmel G. The web of group-affiliations[M]. Fernie: The Free Press, 1922.

Sushinsky J R, Rhodes J R, Possingham H P, et al. How should we grow cities to minimize their biodiversity impacts? [J]. Global Change Biology,2013,19(2) : 401-410.

Tzoulas K, Korpela K, Venn S, et al. Promoting ecosystem and human health in urban areas using Green Infrastructure: a literature review[J]. Landscape and Urban Planning,2007,81(3) : 167-178.

Ullman E L. American commodity flow [M]. Seattle: University of Washington Press, 1957.

白瑜,彭荔红.城市生态系统服务功能价值的研究与实践[J].海峡科学,2011(06):16-18+31.

蔡为民,唐华俊,陈佑启,等.近20年黄河三角洲典型地区农村居民点景观格局[J].资源科学,2004(05):89-97.

陈斐,杜道生.空间统计分析与GIS在区域经济分析中的应用[J].武汉大学学报(信息科学版),2002(04):391-396.

陈文波,肖笃宁,李秀珍.景观指数分类、应用及构建研究[J].应用生态学报,2002(01):121-125.

陈修颖.长江经济带空间结构演化及重组[J].地理学报,2007(12):1265-1276.

陈玉福,董鸣.生态学系统的空间异质性[J].生态学报,2003(02):346-352.

崔王平,李阳兵,李潇然.重庆市主城区景观格局演变的样带响应与驱动机制差异[J].

自然资源学报,2017,32(04):553-567.

丁虹.空间相似性理论与计算模型的研究[D].武汉:武汉大学,2004.

董超."流空间"的地理学属性及其区域发展效应分析[J].地域研究与开发,2012,31(02):5-8+14.

董玉红,刘世梁,安南南,等.基于景观指数和空间自相关的吉林大安市景观格局动态研究[J].自然资源学报,2015,30(11):1860-1871.

方创琳.中国城市发展格局优化的科学基础与框架体系[J].经济地理,2013,33(12):1-9.

傅伯杰,陈利顶,王军,等.土地利用结构与生态过程[J].第四纪研究,2003(03):247-255.

高吉喜,徐德琳,乔青,等.自然生态空间格局构建与规划理论研究[J].生态学报,2020,40(03):749-755.

郭林海.资源利用尺度和景观格局[J].国土与自然资源研究.1990(03):20-25.

郭勤峰.物种多样性研究的现状及趋势[J].现代生态学讲座,1995,89(2):107.

何鹏,张会儒.常用景观指数的因子分析和筛选方法研究[J].林业科学研究,2009,22(04):470-474.

黄浪,吴超,王秉."流"视域下的系统安全协同理论模型构建[J].中国安全科学学报,2019,29(05):50-55.

江颂,蒙吉军,陈奕.黑河中游土地利用与景观格局的水文效应分析[J].中国水土保持科学,2019,17(1):64-73.

卡斯泰尔.网络社会的崛起[M].夏铸九,等,译.北京:社会科学文献出版社,2001.

李哈滨,Franklin J F.景观生态学——生态学领域的新概念构架[J].生态学进展,1988,5(1):23-33.

李慧敏,吴志强,陈子发,等.南昌市郊区景观格局的综合分析[J].江西教育学院学报(综合版).1990(04):59-63+67.

李青圃,张正栋,万露文,等.基于景观生态风险评价的宁江流域景观格局优化[J].地理学报,2019,74(07):1420-1437.

李卫兵,张凯霞.空气污染对企业生产率的影响——来自中国工业企业的证据[J].管理世界,2019,35(10):95-112+119.

林伯强,谭睿鹏.中国经济集聚与绿色经济效率[J].经济研究,2019,54(02):119 -132.

刘海燕.GIS在景观生态学研究中的应用[J].地理学报.1995(S1):105 -111.

刘华军,刘传明,孙亚男.中国能源消费的空间关联网络结构特征及其效应研究[J].中国工业经济,2015(05):83 -95.

刘吉平,赵丹丹,田学智,等.1954—2010年三江平原土地利用景观格局动态变化及驱动力[J].生态学报,2014,34(12):3234 -3244.

刘继生,陈彦光.分形城市引力模型的一般形式和应用方法——关于城市体系空间作用的引力理论探讨[J].地理科学,2000(06):528 -533.

刘杰,吴彦明,赵羿.营口市柳树镇景观格局变异及其生态意义[J].农村生态环境.1993(02):16 -20+66.

刘颂,李倩,郭菲菲.景观格局定量分析方法及其应用进展[J].东北农业大学学报,2009,40(12):114 -119.

刘涛,闫浩文.空间相似关系基本问题研究[J].地理信息世界,2014,21(01):51 -55.

刘耀彬,戴璐,董玥莹.环鄱阳湖区分区土地利用景观格局变化模拟研究[J].长江流域资源与环境,2015,24(10):1762 -1770.

刘耀彬,邱浩,戴璐.生态安全约束下城市群空间网络结构动态演变及关联特征分析——以环鄱阳湖城市群为例[J].华中师范大学学报(自然科学版),2020,54(04):522 -535.

刘耀彬,孙敏.基于信息流的工作日与节假日城市网络联系特征对比——以长江中游城市群为例[J].经济地理,2021,41(05):75 -84.

卢小丽,秦晓楠.沿海城市生态安全系统结构及稳定性研究[J].系统工程理论与实践,2015,35(9):2433 -2441.

陆大道.关于"点一轴"空间结构系统的形成机理分析[J].地理科学,2002(01):1 -6.

陆玉麒.中国空间格局的规律认知与理论提炼[J].地理学报,2021,76(12):2885 -2897.

吕安民,李成名,林宗坚,等.中国省级人口增长率及其空间关联分析[J].地理学报,2002(02):143 -150.

吕一河,陈利顶,傅伯杰.景观格局与生态过程的耦合途径分析[J].地理科学进展,2007(03):1 -10.

马克明,傅伯杰.北京东灵山地区景观格局及破碎化评价[J].植物生态学报,2000(03):320-326.

马晓冬,朱传耿,马荣华,等.苏州地区城镇扩展的空间格局及其演化分析[J].地理学报,2008(04):405-416.

马志波,肖文发,黄清麟,等.森林群落多样性与空间格局研究综述[J].世界林业研究,2016,29(03):35-39.

毛齐正,黄甘霖,邬建国.城市生态系统服务研究综述[J].应用生态学报,2015,26(04):1023-1033.

沈绿珠.空间关联分析及其应用[J].统计与决策,2006(08):28-30.

宋瑜,江洪,余树全,等.水土流失的景观生态分析[J].浙江林学院学报,2007(03):342-349.

孙中伟,路紫.流空间基本性质的地理学透视[J].地理与地理信息科学,2005(01):109-112.

汤汇道.社会网络分析法述评[J].学术界,2009(03):205-208.

田光进,张增祥,王长有,等.基于遥感与GIS的海口市土地利用结构动态变化研究[J].自然资源学报,2001(06):543-546.

王甫园,王开泳,陈田,等.城市生态空间研究进展与展望[J].地理科学进展,2017,36(2):207-218.

威尔逊A.G.,杨钢.利用重力模式进行港口规划的一个实例[J].地理译报.1984(02):36-40.

邬建国.数学模型与自然保护科学[J].应用生态学报,1992,7(3):286-288.

邬建国.景观生态学——格局、过程、尺度与等级[M].2版.北京:高等教育出版社,2007.

吴延兵.R&D与生产率——基于中国制造业的实证研究[J].经济研究,2006(11):60-71.

肖鸿.试析当代社会网研究的若干进展[J].社会学研究,1999(3):1-11.

谢高地,鲁春霞,冷允法,等.青藏高原生态资产的价值评估[J].自然资源学报,2003(02):189-196.

闫浩文,褚衍东.多尺度地图空间相似关系基本问题研究[J].地理与地理信息科学,2009,25(04):42-44+48.

闫卫阳,王发曾,秦耀辰.城市空间相互作用理论模型的演进与机理[J].地理科学进展,2009,28(04):511-518.

杨杰.城市绿地及其空间格局研究综述[J].甘肃农业科技,2018(06):77-81.

游珍,蒋庆丰.长江经济带生态网络体系及管理模式的构建[J].南通大学学报(社会科学版),2018,34(3):37-44.

袁方.社会研究方法教程[M].北京:北京大学出版社,1997.

张述林.音乐地理学的主要研究领域[J].人文地理.1989(04):42-45.

张文宏,阮丹青.天津农村居民的社会网[J].社会学研究,1999(2):108-118.

张知彬.对生物科学研究加强管理和立法的建议[J].中国科学院院刊,1994(03):257-259.

赵景柱.景观生态空间格局动态度量指标体系[J].生态学报,1990,10(2):182-186.

赵筱青,王兴友,谢鹏飞,等.基于结构与功能安全性的景观生态安全时空变化——以人工园林大面积种植区西盟县为例[J].地理研究,2015,34(08):1581-1591.

郑可佳,马荣军.Manuel Castells与流空间理论[J].华中建筑,2009,27(12):60-62.

第五章
资源环境政策评估与案例

　　政策评估作为政策科学的子学科,具有广义和狭义两种解释。广义的政策评估定义由政策科学的创始人哈罗德·拉斯韦尔(Harold D. Lasswell)等人提出(Lasswell 等,1963)。他们较为重视公共政策的因果关系和起止时间,认为评估政策时应从政策形成的时点开始分析,同时涵盖政策的产生、执行及后果评价的政策发展全过程,侧重探寻和研究公共政策执行的时间、过程、所用的方法手段以及服务的对象。而狭义的政策评估单指对政策效果的评价,主要是对政策的实施效果和效率进行评价或评估。国内的许多学者比较认同政策评估的狭义定义,他们将政策评估区分为政策效率评估和政策效果评估两大环节。

　　结合前人的研究,本书认为资源环境政策的评估包含两个方面的含义:一是资源政策的有效性检验,即检验一项资源环境政策是否能够实现预先设定的政策目标;二是资源环境政策的效果考核,即考核一项资源环境政策能在多大程度上实现预先设定的政策目标。

第一节 资源环境政策评估的分析框架

一、资源环境政策的内涵

(一) 资源环境政策定义

环境政策是一种直接或间接解决环境问题的公共政策。第二次世界大战后,公共政策在西方工业国家逐渐兴起,Fisher (1951) 的著作 *The Policy Sciences: Recent Developments in Scope and Method*(《政策科学:范围与方法的最新近发展》)被认为是政策科学的开端。20 世纪 50 年代以来,先后出现了政策科学、政策研究、公共政策分析、系统分析、社会工程等研究名称,其实质与公共政策相同。国内外学者对于公共政策的定义具有一定的差异。环境政策作为公共政策中的独立政策领域,既具有公共政策的普遍特性,又具有其独特的边界。环境政策作为各国政府的重要公共政策之一,体现了政府对环境保护的态度、目标与措施,在应对环境恶化、保障人类基本生存环境方面起到了至关重要的作用。宫本宪一(2004)认为,所谓环境政策是指为保护人类的生命和健康并确保舒适性而制定的综合性公共政策。Costantini 等(2013)以及 Costantini 等(2015)指出环境政策不仅是为了实现环境目标,不同的环境政策工具具有各自的特点,亦能够对经济效益产生不同的影响。Johnstone 等(2017)认为,环境政策目标应将经济效益和环境效益放入统一的框架中进行综合考察,并着重考虑环境政策时间滞后效应的影响。许士春等(2012)进一步指出,环境政策包含多种政策工具,而对政策工具的选择应综合考虑污染总量控制、企业技术创新激励、政策实施成本等方面的效果。范群林等(2013)认为环境政策是由各种环境管理制度组成的,中国的环境政策主要包括“三同时”制度、环境影响评估、清洁生产、污染物排放总量控制、排污许可证、污染限期治理等。

资源环境政策的概念有广义和狭义之分。广义来看,资源环境政策是指国家在环境保护方面的一切行动和做法,资源环境政策包括环境法规及其他政策安排。狭义来看,资源环境政策是与环境法相平行的一个概念,指在资源环境法规以外的有关政策安排。

目前,比较有代表性的定义有以下几种:夏光(2000)认为资源环境政策可以定义为国家保护资源环境所采取的一系列控制、管理、调节措施的总和。袁明鹏(2003)认为资源环境政策是指国家或地方政府在特定时期为保护资源环境所规定的行为准则,它是一系列环境保护法律、法令、条例、规划、计划、管理办法与措施等的总称。李康(2005)认为资源环境政策是可持续发展战略和资源环境保护战略的延伸和具体化,是诱导、约束、协调环境政策调控对象的观念和行为的准则,是实现可持续发展战略目标的定向管理手段。

从一般意义上来讲,资源环境政策作为公共政策之一,是由政府、非政府公共组织和公众,为实现特定时期的目标,对资源环境问题实施共同管理过程中所制定的行为准则。值得强调的是,第一,资源环境政策制定主体是政府、非政府公共组织和公众;第二,资源环境政策的需求基础是资源环境事务;第三,资源环境政策是资源环境事务管理中所制定的行为规范;第四,资源环境政策的主体在对资源环境事务实施管理的同时,也要对自身管理制定准则。由于对资源环境政策概念理解的不同,对资源环境政策的分类也存在较多差异。大致上,资源环境政策从纵向划分,可分为总政策、各个部分或领域的基本政策、各个部分或领域的具体政策,这三大层次的政策构成了环境政策体系的整体;若从横向划分,则可以分为资源环境经济政策、资源环境技术政策和资源环境社会政策等;若从效力范围角度,可以将资源环境政策划分为全国性资源环境政策和区域性资源环境政策;若从适用范围角度,可以分为环境污染控制政策和生态保护政策。

借鉴已有的资源环境政策的相关概念,本章将资源环境政策定义为包含资源政策、环境政策、福利政策三方面的政策,每个方面起到调节不同参与主体利益分配的作用,进而发挥节约资源、改善环境的政策效果。

(二) 中国资源环境政策

中国从1972年的联合国人类环境会议开始关注环境问题,以此次参会为契机,中国开始推进环境管理,并将环境保护作为国策。1973 年,国家颁布了第一个环境标准《工业"三废"排放试行标准》(GBJ4-73)。同年,国务院颁布了《关于保护和改善环境的若干规定(试行草案)》。这些事件标志着中国环境政策工具应用的起步。随后,中国环境标准和相关法律规章的制定数量均进入了一个快速增长的阶段。在环境标准方面,20 世纪 70 年代制定环保标准 2 项,80 年代制定环境标准 142 项,90 年代制定环境标准 308 项。同时在立法方面,1979 年颁布《中华人民共和国环境保护法(试行)》,1986 年颁布《建设项目环境保护管理办法》,1989 年 12 月第七届全国人民代表大会常务委员会正式通过了《中华人民共和国环境保护法》(以下简称《环境保护法》)。可以看出,在这一时期,中国的环境调控手段主要是颁布环境标准,运用法律以及行政规制约束破坏环境的行为。

随着市场经济改革的不断深入,市场机制对于资源环境保护建设的作用愈发体现出来,中国较早采用的是排污费制度与排污税返还制度。这项制度来自《环境保护法》中第二十八条的规定,《环境保护法》于 1989 年通过以后,这项制度便正式开始实施。根据《环境保护法》的规定,首先政府根据相关标准对企业的超标排污部分从量征收排污费,然后用排污费收入成立专项基金,用于排污税的返还。这项制度与发达国家的排污税和资源环境补贴制度有一定相似之处,但是这类排污费并不纳入中国政府的各级财政税收体系,因此缺乏有效的监管,出现了大量非法滥用的情况。加之排污费制度本身具有缺陷,如强制性较差、被动性、烦琐性等,这项制度几乎处于失控和无效的状态。另一项运用市场机制的环境政策工具是排污权交易。该项制度始于 1987 年的上海市 COD(化学需氧量)交易制度,该制度在上海市已取得不错的成效,并得以推广。1991 年国家环境保护总局将包头、开远、柳州、太原、平顶山和贵阳 6 个城市作为大气排污交易的试点城市。2002 年国家环境保护总局又在山东、山西等省市开展"二氧化硫排放总量控制及排污交易试点"项目。2007年,嘉兴市成立了国家首家排污权储备交易中心。2009 年政府工作报告指出"加快建立健全矿产资源有偿使用制度和生态补偿机制,积极开展排污权交易试点"①。近年来,随着市场机制改革的不断深化,运用金融信贷、证券、基金

---

① 中华人民共和国国务院. 2009 年国务院政府工作报告[N/OL]. http://www.gov.cn/test/2009-03/16/content_1260221.htm.

等新型环境政策工具进行调控也越发受到人们的关注,但由于中国绿色金融市场建设还不完善,绿色金融政策工具并未得到很好的执行。

　　世界各国的资源环境治理经验表明:公众作为一个主体,在资源环境治理过程中发挥着不可或缺的作用。因此,中国在运用资源环境政策工具时,也开始更多地考虑公众参与。公众参与主要包括公众自身的绿色行为以及对政府决策的监督。从 20 世纪八九十年代开始,关于环境保护的教育逐渐开始走入中小学生的课程中。2007 年国务院颁布了《中华人民共和国政府信息公开条例》,其中将企业的环境信息和政府环境信息纳入信息公开的范围,同时明确了公众对环境信息公开的监督权力。这两项文件打破了以往政府以及企业环境信息相对封闭的局面,使公众能更多地参与到资源环境治理过程。如今,随着大众传媒的不断发展,面向公众的绿色消费、绿色文化的宣传教育活动在形式上越来越丰富,内容也越来越生动,这也使得公众在绿色发展与资源环境治理中发挥更加积极的作用。

　　党的十八大以来,生态文明建设已成为“五位一体”总体布局和“四个全面”战略布局的重要内容。在新的时期,绿色发展的制度建设以及配套的政策工具运用也进入了一个全新的阶段。2015 年 7 月,中央全面深化改革领导小组第十四次会议审议通过《环境保护督察方案(试行)》,中央环保督察大幕正式拉开。2015 年 4 月,中共中央、国务院印发《中共中央 国务院关于加快推进生态文明建设的意见》,明确了生态文明建设的总体要求、主要目标、重点任务等。[1] 同年 9 月,《生态文明体制改革总体方案》发布,提出到 2020 年构建起 8项重要制度:自然资源资产产权制度、国土空间开发保护制度、空间规划体系、资源总量管理和全面节约制度、资源有偿使用和生态补偿制度、环境治理体系、环境治理和生态保护市场体系、生态文明绩效评价考核和责任追究制度[2],即生态文明制度建设的“四梁八柱”。“四梁八柱”体系所对应的政策工具既包括行政命令、立法与规划等强制手段,如环境治理、效果考评、问责等;也包括运用市场机制的手段,如资源有偿使用、生态补偿机制、生态保护市场体系等;同时也不乏公众主体参与到生态文明建设过程中的政策,如生态文

---

[1]　中共中央,中华人民共和国国务院.中共中央 国务院关于加快推进生态文明建设的意见[ER/OL]. http://www.gov.cn/winwen/2015-05/05/content_2857363.htm.
[2]　中共中央,中华人民共和国国务院.生态文明体制改革总体方案[ER/OL]. http://www.gov.cn/gongbao/2015/content_2941157.htm.

化、公众监督等。可以说,"四梁八柱"体系是对以往各类政策工具的有机整合和再创新。

中国的资源环境政策工具大致可以分为三类:规制管控型、市场建设型和公众参与型,这与发达国家的政策工具类型大体相似。其中,规制管控型政策工具主要包括:立法手段、环境强制标准、行政规划手段、环境评价制度等。市场建设型政策工具主要包括:绿色财税、绿色金融、绿色证券等。公众参与型政策工具主要包括:教育文化手段、听证公正手段、信息公开手段等。从发展历程上来说,中国的资源环境政策工具的运用大致可以分成以下四个阶段:从20世纪70年代至80年代,规制管控型工具占据绝对主导地位;80年代末至21世纪初,以规制管控型工具为主,辅以市场建设型工具;2008年之后,公众参与型工具逐步开始被运用;2015年至今,"四梁八柱"体系确立,三大类型的政策工具被有机整合。

二、资源环境政策的特征

(一)工具多样性

第一,公众参与型工具,核心特征是很少或几乎没有政府干预,是在公众参与的基础上完成预定任务。参与主体包括家庭与社区、志愿者组织、市场。第二,规制管控型工具,也称直接工具,强制或直接作用于目标个人或公司。在响应措施时只有很小的或没有自由裁量的余地。方法包括管制、支持公共事业、直接提供。第三,市场建设型工具,兼具公众参与型工具和规制管控型工具的特征,是一种混合型政策工具。它允许政府将最终决定权留给私人部门,同时可以不同程度地介入非政府部门的决策形成过程。手段包括补贴、产权交易(如排污权交易)、征税与用户收费(如环境税、排污费)。

(二)目标综合性

资源环境政策包含资源政策、环境政策、福利政策三方面,具有复合性。三种政策目标并不完全一致。资源政策的目标是节约资源、提高资源利用率;

环境政策的目标是实现环境改善；福利政策的目标是提升社会福利，包括经济发展和生存环境改善。资源环境政策通常要做好经济发展和环境改善的权衡，在实现经济发展目标的情况下允许一定量违反资源环境政策目标的行为。

（三）功能多样性

从目标取向来看，政策具有导向功能、调控功能和分配功能。

第一，导向功能。公共政策的导向功能是指，公共政策通过正向提倡、激励的方式为有关法人、自然人指明行动方向，从而使政策对象朝决策者所希望的方向努力，以决策者期望的方式采取行动。

第二，调控功能。公共政策的调控功能是指，公共政策通过规范、制约的方式对有关法人、自然人的行动进行控制，使之不采取决策者所不希望的行动。

第三，分配功能。除了调控政策对象行动的公共政策，有一些公共政策的宗旨是对全社会所拥有的资源（包括政治、经济、文化等资源）在不同地区、不同部门、不同群体之间的配置进行调节，有些公共政策的实施效果会导致利益在不同地区、不同部门、不同群体之间的分配发生变化，这就是公共政策的分配功能。收入分配政策、社会保障政策等都涉及利益的分配，例如对污染企业征收排污税，对清洁企业进行财政补贴。

三、资源环境政策框架解析

（一）资源环境政策分析框架

本章首先对资源环境政策的定义进行了界定，将资源环境政策定义为包含资源政策、环境政策、福利政策三方面意义的政策，它们起到调节不同参与主体利益分配的作用，进而发挥节约资源、改善环境的政策效果。资源政策、环境政策、福利政策分别对应经济系统、生态系统、社会系统，分别以产权理论、外部性理论、可持续发展理论为理论基础。其次，本章对资源环境政策进行评估，从政策的有效性、效果、未来设计三方面，分别采用反事实推断、合成控制、情景模拟的方法设计案例研究,回答现行的资源环境政策是否有效、效果如何、未来如何设计的问题(如图 5.1 所示)。

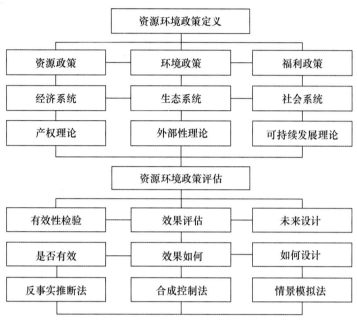

图 5.1　资源环境政策分析框架

(二) 资源环境政策理论基础

1. 外部性理论

"外部性"一词,在经济学文献中有时又被称为"外部效应"或"外部经济",国内有的学者将其翻译为"外在经济"或"外在性"。人们对外部性问题的争论始终是与经济福利、市场失灵、政府规制等重大议题密切相关的。马歇尔在 1890 年出版的经典著作《经济学原理》中首次提出并论述了外部经济概念,庇古则在 1920 年出版的《福利经济学》一书中对外部性问题进行了系统分析,从而形成了较为完整的外部性理论。外部性是指一个厂商(或个人)的活动经非市场机制直接和不可避免地影响其他厂商的生产函数或成本函数(或其他人的效用函数)并成为后者不能控制的变量时,前者对后者有外部性。

土壤、空气、水等资源环境要素是具有非竞争性和非排他性的公共产品。

只要在技术上不能将非付费者排除在受益人(或受损者)之外或者将其排除在外的成本明显过高,"搭便车"现象就普遍存在,即不承担成本仍可以享受利益。同时,外部性既包括正外部性,也包括负外部性,排污是负外部性的例子,而接种疫苗是正外部性的例子。公共产品具有外部性。纯公共产品就是社会中每个人都可以享受的有正外部性的产品或服务。许多环境的外部性是不能完全消除的,例如污染、噪声、垃圾等,因此需要通过非市场力量来解决,即由政府负责。政府提供公共产品的资金可以来自税费,可以直接提供或购买公共产品(包括提供适宜生存和生活的环境),满足社会公共需要。

庇古认为,如果政府同意,可能通过对投入施加"特别鼓励"或"特别限制"来消除外部性,最明显的方式是采取相应政策(如补贴和征税)指出政府认为有必要管制的领域。污染者负担原则和受益者补偿原则是庇古理论的具体应用。污染者负担原则是让污染者对于超出规定排放标准的排污既要承担减排责任和治理成本,又要对损害方进行赔偿。因此排污收费制度成为世界各国环境保护的一项重要的经济措施。

2. 产权理论

产权理论以产权为核心,研究经济运行背后的财产权利结构。该理论将稀缺资源理解成为一系列不同经济属性(通俗地说,是对特定利益主体的"有用性"特征)的集合体,认为利益主体获取资源的本质是获取资源产权,从而获取利润。

产权的功能有以下几点。第一,资源配置功能。产权的资源配置功能决定了通过产权安排能够为特定产权主体提供利益,因此作为收入分配的依据,产权具有收入分配功能,但这种功能可以认为是由资源配置功能衍生出来的。第二,降低不确定性。经济与社会环境日益复杂,不确定因素增多,使人们对于环境的认知准确性下降。产权的作用机制是通过在特定交易中形成相互认可的行为边界,帮助不同的利益主体形成对该资源使用的稳定预期。第三,外部性内部化。从产权的视角看,外部性的产生原因是产权界定不清晰。在一项资源配置中,产权界定越明确,资源配置的外部性就越低,利益主体对于资源配置中的成本与收益的预期就越明确。调整产权结构能够实现外部性内部化,降低受损一方的损失,使之达到可以接受的范围,使经济主体有充分利用手中的资源获利的积极性。

西方产权理论根源于对外部不经济性问题的解决,但现代产权理论的核心则是科斯定理。科斯的产权理论认为,当存在外部性时,若交易成本为零,则不论初始产权如何界定,都可以通过市场交易和自愿协商达到资源的最优配置;若存在交易成本,则政府应当采取行动,通过合法权利的初始界定和经济组织的优化选择来提高资源的配置效率,实现外部性的内部化。通俗地讲,科斯第一定理指的是:如果交易费用为零,那么不管产权初始如何安排,都会实现资源最优配置。由于现实世界不可能存在交易费用为零的情况,因此出现了将产权配置与交易费用紧密联系的科斯第二定理。科斯第二定理表明:在交易费用为正的情况下,不同的产权界定会带来不同效率的资源配置。也就是说,在交易费用不为零的情况下,交易费用的大小、经济效益的高低就直接取决于产权界定的清晰度。产权的明确界定是市场交易的先决条件和基础。根据科斯定理,资源环境问题可以通过污染排放者和受害人之间的交易来解决,政府应积极承担的职责是清晰界定各方产权(如谁有排放权以及排放多少)。排污权只要被界定,不论其被界定给哪一方,都可以通过市场进行私人协商来解决排放污染物所带来的外部性问题,从而达到资源配置的帕累托最优状态。

3. 可持续发展理论

1987年,世界环境与发展委员会发布了《我们共同的未来》报告,阐述了可持续发展的核心思想:既可以保证满足现代人发展的需求,同时也不危害子孙后代的发展。中国学术界对可持续发展进行了深入的探索。由于可持续发展的概念宽泛,涉及领域众多,包括资源、环境、生态、社会等诸多方面,学者对可持续发展也给出了众多定义和解释。具有代表意义的解释主要关注两个方面。一类是认为发展必须是在资源和环境承载能力之内的发展,在保持自然资源的质量及其所提供服务的前提下,使经济发展的净利益增加到最大限度;在不超出地球的生态系统的承载能力的情况下,改善人类的生活质量;寻求一种最佳的生态系统以支持生态的完整性和人类愿望的实现,使人类的生存环境得以维持(杨多贵等,2001)。另一类关注代际公平,认为可持续发展就是给子孙后代与当代相等甚至更多机会,既满足当代人的需要,又不对后代人满足其需要的能力构成危害的发展(牛新国等,1998)。

田大庆等(2004)提出将"三生共赢"作为可持续发展的目标与行为准则,注重生活、生产和生态在时间和空间上的协调发展。人类社会发展需求与资源环境供给能力之间存在着不匹配的情况,为解决这一"环境悖论",可持续发展理论衍生出"强可持续发展"和"弱可持续发展"两大范式(刘鸿明等,2010)。

可持续发展的要求包含四个方面:第一,共同发展。地球是一个复杂的巨系统。每个国家或地区都是这个巨系统不可分割的子系统,系统的最根本特征是其整体性,每个子系统都和其他子系统相互联系并发生作用。只要一个系统发生问题,都会直接或间接影响到其他系统。因此,可持续发展追求的是整体发展和协调发展,即共同发展。第二,协调发展。协调发展既包括经济、社会、环境三大系统的整体协调,也包括世界、国家和地区三个空间层面的协调,还包括一个国家或地区经济、人口、资源、环境、社会以及内部各个阶层的协调。第三,公平发展。世界经济的发展因水平差异而呈现出层次性,这是发展过程中始终存在的问题。但是这种发展水平的层次性若因不公平、不平等而加剧,就会从局部上升到整体,并最终影响整个世界的可持续发展。可持续发展思想的公平发展包含两个维度。一是时间维度上的公平,当代人的发展不能以损害后代人的发展能力为代价;二是空间维度上的公平,一个国家或地区的发展不能以损害其他国家或地区的发展能力为代价。第四,高效发展。公平和效率是可持续发展的两个轮子。可持续发展的效率不同于经济学的效率,而是既包括经济意义上的效率,也包含着自然资源和环境的损益。因此,可持续发展思想之下的高效发展是指经济、社会、资源、环境、人口等协调下的高效率发展。

(三) 资源环境政策作用机制

1. 公众参与型政策的作用机制

公众参与型政策工具是通过公民自身的力量达到促进节约资源、保护环境的一种政策工具。一般来说,公众参与型政策工具的作用机制可以分成两个方面。一方面是教育文化手段。通过各种形式的教育手段增强公民的生态文明意识,从而使得公民自觉遵守绿色发展观,作为生产者做到绿色生产,作为消费者做到绿色消费;同时,使得公民在日常生活中具备良好的生态文明观,规范自身,减少违反绿色发展观的行为。另一方面,公民参与听证会和建立有关的民间组织,可以调动广大公民参与到环境决策之中,调动公民参与生态文明建设的积极性,发挥广大公民的智慧,使得节约资源、保护环境的相关决策更为合理。对企业生产行为而言,广大公民和民间组织可以起到监督作用。通过以上两种机制,公众参与型政策可以达到推动区域节约资源、保护环境进程的效果。

2. 规制管控型政策的作用机制

规制管控型政策工具通过立法形式和各种行政命令强制影响企业的资源利用和排污过程,以达到促进节约资源、保护环境的效果,如直接规定企业的资源消耗和污染物排放的上限额、制定行业准入标准、对于高污染高能耗的企业进行罚款或强制关停等。此类做法一般治理效果比较迅速,且可以直接减少企业对于资源的消耗总量以及污染物的排放总量,从而促进一个地区的绿色发展进程。总的来说,规制管控型政策工具对节约资源、保护环境的影响较为直接,本身作用过程也较为简单。

3. 市场建设型政策的作用机制

相对于规制管控型政策工具,市场建设型政策工具一般是运用市场的力量,通过影响企业实现利润最大化目标的过程和个人实现效用最大化目标的过程,达到促进区域节约资源、保护环境的效果。市场建设型政策工具种类繁多,作用机制相较规制管控型政策工具也更加复杂。

首先,市场建设型政策工具中最常被使用的是绿色财税工具。绿色财税工具主要是对各种高污染高能耗的生产活动和消费活动征收较高的税额,对环境友好型的生产活动和消费活动进行补贴。这种绿色财税政策通常会有一种杠杆效应。对于生产者来说,生产高污染高耗能的产品会被征收高额的赋税,这将导致企业生产活动的成本上升,企业利润减少,于是减少高污染高耗能的生产活动。同时赋税带来的成本上升会反映到价格上。对于消费者来说,产品价格的上升将带来收入效应和替代效应,而且,消费高污染高耗能的产品也会被征收消费税,所以消费者会减少对高污染高能耗产品的消费量。因此,从供给和需求两方面来看,高污染高耗能产品的供给量和需求量都会减少,此类商品的市场将会缩小,最终达到促进区域节约资源、保护环境的目的。另外,绿色财税政策还可以配置资本,政府可以将从高污染高能耗企业征收来的赋税以补贴的形式转移到环境友好型的企业和消费环境友好型产品的消费者,促进绿色生产和消费行为,扩大环境友好型产品的供给量和需求量,扩大其市场份额。因此,通过财税杠杆最终可以加快区域节约资源、保护环境的进程。

其次,绿色金融和绿色信贷政策工具也是一种十分有效率的市场建设型节约资源、保护环境的政策工具。黄建欢等(2014)指出金融信贷工具主要会通过资本支持效应、资本配置效应、企业监督效应、绿色金融效应等对节约资源、保护环境产生作用。从资本支持的角度来看,绿色金融工具可以借助金融市场和金融中介的作用,通过各类融资渠道为满足节约资源、保护环境要求的企业提供资金支持,从而将各类资金转化为绿色资本,解决绿色企业资金约束的问题,促进绿色技术的研发和创新,从而提升绿色企业的收入,吸引更多的企业进入绿色产品市场;反之,对于高污染高能耗行业,可运用信贷手段减少对其的资金支持,从而限制高污染高能耗行业的发展。从资本配置的角度来看,金融机构可以吸收闲散资金,并将其配置给那些环境友好型的企业,同时会形成一种引导作用,促进绿色投资。从企业监督的角度来看,金融市场不仅会对企业提供资金支持,还可以通过规范化和强制性的信息披露,要求企业定期公布其财务信息和生产信息,从而更好地监督企业的生产行为。另外,由于现代企业的运行都需要银行贷款的支持,通过银行贷款,可以及时对企业的生产行为进行审查,对那些超量使用资源、超标排放的企业,可以减少或不提供贷款支持,从而限制高污染高耗能的生产行为。

最后,排污权交易是目前仍在进行尝试的一种政策工具,相当于将企业污染物的排放量转化为一种商品,在市场中进行交易,使得企业在购买排污权与减少生产之间做出权衡。因此,通过企业本身追求利润最大化的过程,排污权交易调控了企业的排污决策。

第二节　资源环境政策分类

一、依据资源环境政策复合分类

资源环境政策依据作用对象、途径等因素综合考虑可分为以下三类。

（一）环境税收政策

环境税收政策指政府对产生污染或享受环境物品的实体收取一定费用的环境保护政策，又称生态税收、绿色税收，是国家为了实现特定的环境政策目标、筹集环境保护资金、强化纳税人环境保护行为而开征的多个税种和采取的一系列税收措施组成的一个特殊税收体系，是激励各个经济主体保护环境的一种重要经济政策。环境税种主要有硫税、碳税、臭氧耗损物质税、燃料税和污染产品税等。

环境税收政策具有以下几个方面的内涵。环境税收制度的最终目的是保护环境，实现可持续发展的目标。环境税的征收对象是经济当事人使用环境资源的行为。环境税收政策主要是通过调节经济当事人的行为这一途径来实现保护环境的目的。环境税收政策依据征税对象可分为自然资源税和环境容量税。其优越性有：使资源配置实现帕累托最优；符合税收公平原则；体现税收经济效率原则；弹性较大；避免"寻租"行为的发生。其局限性有：无法充分考虑环境问题的区域性；不适用于毒性特别大的物质；企业对环境税收反应有滞后性；环境税收无法考虑污染者在空间上排污的密集程度。

（二）产权交易政策

产权交易政策是通过明晰产权主体，建立可交易的排污权和自然资源开采权，来解决资源与环境问题的经济政策。这种政策是当前各国资源与环境经济政策改革活动所推崇的一种资源与环境管理政策。

产权理论认为，产权界定清晰与否是决定市场交易及资源配置有效性的根本条件。通常从三方面考虑资源产权交易政策的制度安排：产权界定、易权规定和交易制度。第一，引入市场化的公权市场改造传统自然资源模式。第二，在现有的自然资源产权安排条件下，实现自然资源使用权和经营权的市场化。第三，把部分自然资源私有化，形成公私产权对接的自然资源产权混合市场。

（三）生态补偿政策

生态补偿政策是以保护和受益脱节为切入点来解决生态环境保护问题的一种经济政策，其核心是通过内部化解决外部性的问题。补贴是各种形式财政补助的总称，一般是指政府及其纳税者为实际或潜在的污染者提供财务刺激，通常采取补助金、贴息贷款和减免税收的形式。

生态补偿政策主要是通过制度创新实现生态保护外部性的内部化，让生态保护成果的受益者支付相应的费用；通过制度设计解决好生态产品这一特殊公共产品消费中的"搭便车"现象，激励公共产品的足额提供；通过制度改革为生态投资者提供合理的回报，激励人们从事生态保护投资并使生态资本增值。建立生态保护补偿政策要遵从以下基本原则。第一，"谁保护，谁受益"原则。这是针对保护者的原则，使生态保护不再停留于政府的强制性行为和社会的公益性行为，而是投资与收益对称的经济行为，从而达到"保护生态就是保护生产"的目的。第二，"谁受益，谁付费"原则。这是针对需求者的原则，由需求者向保护者提供生态补偿完全是可能的。第三，"保证大局，兼顾小局"原则。生态补偿政策涉及保护者的小局和受益者的大局的关系。

二、依据资源环境政策工具分类

资源环境政策工具是指政府为实现资源环境政策目标所采用的具体调控手段，根据国家或地区的实际情况，依据所采用的政策工具可以大致将资源环境政策分为规制管控型、市场建设型、公众参与型三大类型(见表5.1)。

表 5.1　中国现有资源环境政策工具体系

类型	内容
规制管控型	• 强制性法律法规：《环境保护法》《节约能源法》《可再生能源法》《标准化法》《计量法》等 • 干预性行政命令：环境影响评价,主体功能区规划,强制性技术标准、认证、标识,资源环境审计等
市场建设型	• 绿色税收征收：环境(排污)税,能源税,资源税;绿色税收减免:绿色技术研发,绿色设备及产品 • 绿色财政：政府绿色采购,绿色转移支付,绿色补贴,绿色基础设施建设(如智能电网"三废处理") • 绿色信贷：绿色研发、项目、设施、生产优惠贷款扶持;差别利率:排污耗能限制与惩罚性高利率 • 绿色保险：以企业发生污染事故对第三者造成损害的投资方承担的赔偿责任为标的的保险 • 绿色证券：股票、债券要符合绿色发展要求,才可发行或再融资 • 绿色基金：资助绿色发展项目、技术、产品、人员 • 排污权有偿使用及交易 • 生态服务资源有偿使用及交易
公众参与型	• 教育文化手段：以社会各阶层为对象的社会教育,以大、中、小学生和幼儿为对象的基础教育,以培养环保专门人才为目的的专业教育和以提高职工素质为目的的成人教育 • 举行论证会、听证会征求有关单位、专家和公众对环境影响的评价 • 鼓励建立民间环保组织等机构

第三节　资源环境政策有效性检验与案例

一、资源环境政策有效性界定

经济学中的有效性是指如果一项经济活动使得全社会的净收益达到最大化,不存在帕累托改进的可能,那么该项活动就是有效的。由于资源环境政策是一种特殊的公共政策,因此在研究资源环境政策的有效性之前应先探讨公共政策有效性的含义。对于公共政策的有效性,部分国内学者认为是指公共政策达到了施政者的预期目的。另外一部分学者从更广义的角度研究公共政策有效性,认为除了能达到预期目的,公共政策往往会产生施政者预期不到的效果,因此无论与预期目标是否相符,最终结果的好坏决定了对于公共政策的评价。本章结合有效性的经济学含义,认为公共政策有效性是指在预期政策目标可实现的前提下,实施公共政策的边际成本与边际收益相等,此时政策的全社会净收益最大。资源环境政策有效性用于衡量资源环境政策实施后取得的成果,主要体现在环境质量的改善与污染物排放量的削减程度。本章认为,资源环境政策的有效性的含义为:资源环境政策执行中所取得的实际效果是使资源环境得以改善。

接下来,本章将介绍测量资源环境政策有效性的方法——合成控制法。

二、合成控制法

合成控制法主要是以多个控制单元的凸组合为合成控制单元,并定义所选的合成控制单元的权重的数据处理方法。在预处理期间,合成控制组越接近于处理单元越好。对于合成控制组而言,其处理后的结果用来估计处理组在不处理的情况下将会被观察到的结果。

合成控制法具有数据驱动的特点,即降低了控制组选择的主观性,迫使研究人员使用观测到的量化特征证明处理单元和未处理单元之间的关系。隐含在合成控制法中的思想是,合成单元较某一比较单元而言,会提供一个更佳的对比单元来展示影响效果。与传统的回归方法相比,透明性和稳健性以及与之相对的外推性是合成控制法吸引人的特性。此外,由于合成控制并不要求通过处理后的结果进行选择,该方法允许研究人员在研究过程中避免出现决策会受到研究结论影响的情况。而作为传统的线性面板数据(双重差分模型)框架的拓展,合成控制法允许不可观察变量的影响随时间变化。

合成控制法具有三方面的优势:第一,作为一种非参数估计,合成控制法对双重差分法进行了扩展;第二,通过数据决定控制组样本权重大小,可以清晰地看出处理组与控制组政策实施之前的相似情况;第三,合成控制法也较好地展示了处理后各时期的政策影响。

接下来本书对合成控制法的基本步骤进行介绍。

假定我们在时间段 $t=1,\cdots,T$ 观察到个体 $j=1,\cdots,J+1$。不失一般性地,我们假定只有第 1 个个体被处理,这样我们在控制单元中仍有 J 个个体用于合成控制。控制组的集合被称为"供体池"。处理发生在时点 T_0,这样时期 $1,2,\cdots,T_0$ 是在处理之前,而 $T_{0+1},\cdots,T$ 就是在处理后。

定义两个潜在的结果:Y_{it}^N 代表样本 i 在时间 t 没有被处理,而 Y_{it}^I 代表样本 i 在时间 t 被处理。我们需要假定处理在实施前并不会产生影响,即对所有的 $t\in\{1,\cdots,T_0\}$,样本 i 都有 $Y_{it}^I=Y_{it}^N$。在实际中,某些处理的效果会出现一定的滞后,这样 T_0 可以定义为结果出现的时期。同样,我们还要假定控制单元不会受到处理的影响。我们的目标是估计在处理以后的时间段内处理对于结果的影响。这种影响正式的定义可以表示为两个潜在结果的不同,$\alpha_{1t}=Y_{1t}^I-Y_{1t}^N$,在时期 $T_{0+1},T_{0+2},\cdots,T$。注意,Y_{1t}^N 在处理组且在处理后时期是无法被观察的。合成控制方法的目标就是建立一个合成组来获得这种潜在结果缺失的合理估计量。同样可以写成 i 单元在时间 t 有

$$Y_{1t}^I = Y_{it}^N + \alpha_{it}D_{it} \tag{5.3.1}$$

其中 $D_{it}=1$,当 $i=1$ 且 $t>T_0$,否则 $D_{it}=0$。

这样我们的目的就是去估计 α_{1T}。对于任意 $t>T_0$ 有

$$\alpha_{1t} = Y_{1t}^I - Y_{1t}^N \tag{5.3.2}$$

由于其中的 Y_{1t}^I 是可观测的,要估计 α_{1T} 只需要估计 Y_{1t}^N。假定其可以写成以下因子模型:

$$Y_{1t}^N = \delta_t + \theta_t Z_i + \lambda_t \mu_i + c_{it} \tag{5.3.3}$$

其中 δ_t 表示未知的普通变量,在各组之间均保持不变;Z_i 是一个 $r\times1$ 维向量,表示可观测的协变量(不受处理影响);θ_t 是 $1\times r$ 的未知向量;λ_t 是 $1\times F$ 的向量,表示不可观测的普通变量;μ_i 是 $F\times1$ 的向量,表示未知的载荷系数;c_{it} 是均值为 0 不可观测的随机扰动项。定义一个 $J\times1$ 的向量,$W=(\omega_2,\cdots,\omega_{J+1})^-$,其中 $\omega_j\geqslant0$,$j=2,\cdots,J+1$ 且 $\omega_2+\cdots+\omega_{J+1}=1$。每一个 W 就代表了一个对控制单元的加权均值,也就是一个潜在的合成控制单元。每一个通过 W 合成的结果就是

$$\sum_{j=2}^{J+1}\omega_j Y_{jt} = \delta_t + \theta_t\sum_{j=2}^{J+1}\omega_j Z_{jt} + \lambda_t\sum_{j=2}^{J+1}\omega_j\mu_t + \sum_{j=2}^{J+1}\omega_j c_{jt} \tag{5.3.4}$$

Abadie 等（2010）经过严谨推导得出，如果 $\sum_{i=1}^{T_0} \lambda'_{1t} \lambda_t$ 非奇异，则存在一组权重向量 $W^* = (\omega_2^*, \cdots, \omega_{J+1}^*)$，使得式（5.3.2）的政策处理效应可以用下式反事实估算：

$$\hat{\alpha}_{1t} = Y_{1t}^I - \hat{Y}_{1t}^N = Y_{1t}^I - \sum_{j=2}^{J+1} \omega_j^* Y_{jt}, \ t = T_{0+1}, \cdots, T \qquad (5.3.5)$$

三、案例应用

（一）数据来源

本章借鉴张昊楠（2020）关于机动车排放管控政策对空气质量影响的研究，以国Ⅴ标准（国家第五阶段机动车污染物排放标准）的实施为例，基于天津市等 21 个城市 2013 年 12 月至 2016 年 12 月期间空气质量的月度数据，使用基于 LASSO（最小绝对值选择与收缩算子）的反事实分析研究方法评价机动车排放标准的提升对于治理空气污染的效果。其中，可将国Ⅴ政策视为天津市政府实施的一项空气治理政策试验，将天津作为处理组个体，将剩余 20 个未实施国Ⅴ政策的城市作为控制组个体。于是，通过对控制组个体的最优加权平均来模拟政策实施后（2015 年 6 月 1 日以后）天津未实施国Ⅴ标准时的空气质量状况，与国Ⅴ标准实施后天津的真实空气质量情况进行对比，以估计国Ⅴ标准实施对天津市空气质量的影响。其中，主要检验了该政策对一氧化碳（CO）、二氧化氮（NO_2）、细颗粒物（PM2.5）的治理效果。表 5.2 是对 21 个城市 5 项空气质量的描述性统计分析，其中，Mean 表示均值，Sd 表示标准差。

表 5.2　21 个城市空气质量指标描述性统计

	CO		NO_2		PM2.5	
	Sd	Mean	Sd	Mean	Sd	Mean
天津	1.23	0.68	44	15	76	26
重庆	1.08	0.20	42	7	58	24
哈尔滨	1.04	0.31	49	15	67	44
武汉	1.13	0.30	51	14	72	36
成都	1.13	0.24	53	9	68	32

	CO		NO$_2$		PM2.5	
	Sd	Mean	Sd	Mean	Sd	Mean
昆明	1.01	0.22	30	6	30	9
兰州	1.39	0.54	50	14	54	17
南宁	0.98	0.21	34	10	44	22
银川	1.18	0.44	38	12	51	19
太原	1.63	0.58	39	11	66	27
长春	0.91	0.27	43	7	60	31
合肥	1.03	0.23	35	11	71	31
南昌	1.00	0.17	31	9	47	21
郑州	1.65	0.49	55	13	89	35
长沙	1.02	0.24	39	13	65	28
贵阳	0.74	0.16	28	5	41	16
西安	1.76	0.64	48	12	70	38
西宁	1.43	0.62	38	12	53	16
呼和浩特	1.54	0.96	42	10	43	20
拉萨	0.75	0.31	22	8	25	9
乌鲁木齐	1.44	0.91	53	16	68	48

（二）选取方法

目前主流的反事实分析方法主要包括双重差分方法、断点回归方法、合成控制法以及回归合成法等。其中，双重差分和断点回归等方法通过寻找参照组来预测干预组的反事实结果，但要求干预组和参照组在政策干预之前是可比的，然而个体或地区异质性的存在容易导致政策效果评估出现偏差。为了克服这一问题，合成控制法和回归合成法可以通过对多个参照组的加权平均来构造干预个体的反事实参照组，即合成控制对象，从而较为准确地预测其反事实结果。

（三）实证结果

1. 国Ⅴ标准对 CO 的治理效应分析

先选取空气中的 CO 含量数据作为因变量，根据上文 LASSO 方法的估计步骤，使用国Ⅴ标准实施之前（2015 年 6 月 1 日之前）的所有样本数据，估计得到最优的控制组个体及其权重。根据 LASSO 的估计结果,最终选择哈尔滨、成都、银川以及呼和浩特作为最优控制组个体,如表 5.3 所示。然后,采用回归合成法对天津未实施国 V 标准的反事实结果进行估计。图 5.2 给出了样本期内真实天津和合成天津的 CO 的趋势图。其中,实线部分表示真实天津大气中 CO 含量的趋势图,虚线部分表示的是合成天津大气中 CO 含量的预测值。由图 5.2 不难发现,2015 年 6 月后(如垂直虚线所示),国 V 标准的实施显著地降低了大气中 CO 的含量,并且该措施具有提前效应。国 V 标准实施之前,真实天津和合成天津的 CO 含量趋势基本吻合,由上述 4 个城市构成的最优控制组可以较好地拟合真实天津大气中的 CO 含量。而在国 V 标准实施前夕,二者开始逐渐偏离,表明了国 V 标准的实施降低了 CO 的排放。

表 5.3　CO 最优控制组个体及其权重

序　号	控　制　组	权　重
1	哈尔滨	0.027
2	成都	0.093
3	银川	0.451
4	呼和浩特	0.082
截距项	0.818	

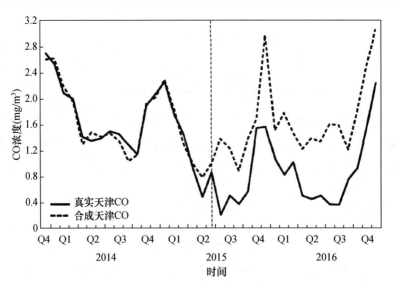

图 5.2　真实天津和合成天津的 CO 趋势图

2. 国 V 标准对 NO_2 的治理效应分析

类似的,为了研究国 V 标准对 NO_2 排放的治理效果,按照上述步骤估计得到最优控制组个体及其权重,最终选择哈尔滨、昆明、西宁以及呼和浩特作为最优控制组个体(如表 5.4 所示)。通过回归合成法得到的样本期内真实天津和合成天津的 NO_2 的趋势,由图 5.3 可见,国 V 标准的实施显著地降低了大气中 NO_2 的含量。在政策干预前,真实天津和合成天津的 NO_2 含量趋势近乎一致,而在国 V 标准实施之后,二者显著偏离,合成天津的 NO_2 含量显著高于真实天津,表明国 V 标准的实施确实降低了 NO_2 的排放。

表 5.4 NO_2 最优控制组个体及其权重

序号	控制组	权重
1	哈尔滨	0.198
2	昆明	0.373
3	西宁	0.029
4	呼和浩特	0.388
截距项	12.485	

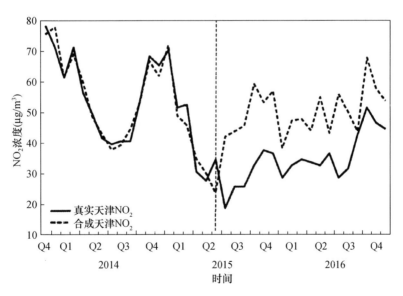

图 5.3 真实天津和合成天津的 NO_2 趋势图

3. 国Ⅴ标准对 PM2.5 的治理效应分析

当 PM2.5 作为因变量时,通过机器学习 LASSO 方法选择哈尔滨、西宁以及呼和浩特作为最优控制组个体,权重见表 5.5,样本期内真实天津和合成天津的 PM2.5 的变动趋势见图 5.4。

表 5.5　PM2.5 最优控制组个体及其权重

序号	控制组	权重
1	哈尔滨	0.005
2	西宁	0.140
3	呼和浩特	0.570
截距项	58.081	

由图 5.4 可见,国Ⅴ标准的实施对 PM2.5 的治理存在滞后效应,且治理效果不显著。在政策干预之前,真实天津和合成天津的 PM2.5 含量趋势基本吻合,而在政策干预之后,合成天津的 PM2.5 含量稍低于真实天津,随后高于真实天津,二者呈现相互交替的态势。

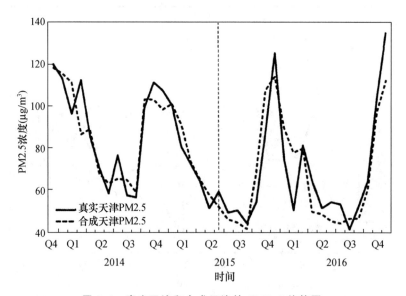

图 5.4　真实天津和合成天津的 PM2.5 趋势图

（四）案例小结

近年来,随着中国机动车保有量的不断增加,汽车尾气已经成为城市大气污染的主要来源。针对这一问题,采取更严格的机动车排放标准成为减少机动车污染物排放的重要措施。案例以天津市国 V 标准的实施为例,基于天津市及其他各省省会城市空气质量数据,将基于 LASSO 方法的控制组个体选取和基于面板数据的回归合成法相结合,进行反事实分析,评估了机动车排放标准的提升对天津市空气治理的效果。研究主要得出以下结论:① 提升机动车排放标准是空气质量改善的必要不充分条件,即提升机动车排放标准这一政策在一定程度上是有效的,具体表现为国 V 标准的长期实施有助于降低大气中一氧化碳(CO)和二氧化氮(NO_2)的浓度,但对细颗粒物(PM2.5)和可吸入颗粒物(PM10)等污染物的治理效果并不明显,进而导致对整体空气治理效果并不显著。② 在进一步管制机动车污染物排放的同时,应配合实施其他管控政策来治理空气质量。第一,进一步完善城区综合交通运输体系,探索绿色公共交通发展模式;第二,开发新能源汽车和替代燃料,降低道路交通对化石燃料的依赖;第三,加强对机动车尾气之外的其他污染产业污染物排放的监管力度,降低高耗能产业的污染物排放强度。

第四节　资源环境政策效果与案例

一、资源环境政策效果界定

资源环境政策分析不只关注"谁得到什么"的问题,更关注"为什么得到"以及"产生什么影响"的问题。这里的"影响"也可以理解为"效果"或"成效",而对"效果"和"成效"的追问也就引出了政策效果的相关概念。

效果是指完成策划的活动和达到策划目标的程度。其衡量维度主要有两点,一是完成的程度,二是达标的程度,前者关注结果,后者则关注效果。对于政策而言,我们要衡量其效果,不仅要关注其取得了什么样的直接产出,更需要了解其实际效益。而要回答这两个问题,就需要有明确的政策目标作为评判的标准和依据,因此,政策效果(Policy Effectiveness)可以被定义为实现政策要求以及达到政策目标的程度。对政策效果的追问属于政策评估的核心内容。陈振明(2003b)认为,政策评估是依据一定的标准和程序,对政策的效益、效率及价值进行判断的一种政治行为,目的在于取得有关这些方面的信息,作为决定政策变化、政策改进和制定新政策的依据。在传统的政策评估体系中,人们对政策效果的审视更多是出于工具理性,如效益、回报等因素,其评价活动往往把评价对象、政策接受者(响应者)以及其他利益相关者排除在外,以致政策评估难以对其效果做出准确判断。而现代评估方法的进步则对这一问题做出了修正。随着第四代评估的普及,利益相关者的主张及诉求得到了政策评估的更多关注。人们逐渐意识到,作为实现社会公共利益的重要工具,资源环境政策的价值取向(如正当性、公平性和包容性)等比单纯的技术指标更为重要,价值理性的判断逐渐在政策评估中扮演愈发重要的角色。此外,政策的修正和革新被视为一个多方参与、动态构建的过程,因而更重视政策的回应,主要是重视公民对政府资源环境政策实施的接受和满意程度的信息反馈。

二、双重差分法

双重差分(Difference-in-Difference, DID)法的基本思想是:允许存在不可观测因素的影响,但假定它们是不随时间变化的。作为政策效应评估方法中的一大利器,双重差分法受到越来越多人的青睐,概括起来有如下几个方面的原因:① 可以很大程度上避免内生性问题的困扰,政策相对于微观经济主体而言一般是外生的,因而不存在逆向因果问题。此外,使用固定效应估计一定程度上也缓解了遗漏变量偏误问题。② 传统方法下评估政策效应,主要是通过设置一个政策发生与否的虚拟变量进行回归,相较而言,双重差分法的模型设置更加科学,能更加准确地估计出政策效应。③ 双重差分法的原理和模型设置很简单,容易理解和运用,并不像空间计量等方法一样让人望而生畏。

朱宁宁等(2008)对中国建筑节能政策的实施效应进行了评估;俞红海等(2010)基于上市公司数据,对股权分置改革的有效性进行了实证分析。但是,研究者在应用中也应该充分认识到双重差分法的局限性:① 数据要求更加苛刻。双重差分法以面板数据模型为基础,不仅需要横截面单位的数据,还需要研究个体的时间序列数据,特别是政策实施前的数据。因此,相比于 Matching(匹配理论),双重差分法要求更多的数据。② 个体时点效应未得到控制。双重差分法要求很强的识别假设,它要求在政策未实施时,实验组和控制组的结果变量随时间变化的路径平行,这一假设并没有考虑个体时点效应的影响。由于个体时点效应的影响,在项目实施前后,实验组和控制组个体行为的结果变量并不平行,此时应用传统的双重差分法就会出现系统性误差。③ 未考虑个体所处的环境对个体的不同影响。双重差分法假定环境因素的冲击对处于相同环境中的个体会产生相同的影响。但实际中,实验组和控制组个体可能因为某些不可观测因素的影响,在面临相同的环境因素的冲击时做出不同的反应,此时双重差分法的应用就会出现问题。

双重差分研究所关心的是因变量处理前后的变化,基本方法如下。假设个体具有自身的特征趋势 γ_s,也有时间趋势 λ_t,且二者可以相加,即

$$E(Y_{0it} \mid s,t) = \gamma_s + \lambda_t \tag{5.4.1}$$

令 D_{st} 为虚拟变量,若处理在 t 期实施且得到处理的样本 s,则该虚拟变量取值为 1;未满足上述条件的,该虚拟变量取值为 0。假定 $E(Y_{1it} - Y_{0it} st \mid s,t) = c$,$c$ 为常数。以 ρ 表示处理效应,有:

$$Y_{ist} = \gamma_s + \lambda_t + \rho D_{st} + e_{ist} \tag{5.4.2}$$

此处 $E(e_{ist} \mid s,t) = 0$。进行一阶差分

$$\Delta Y_{ist} = \rho + \Delta e_i \tag{5.4.3}$$

用 OLS 估计上式

$$\hat{\rho}_{OLS} = \Delta \bar{Y}_{treat} - \Delta \bar{Y}_{contral} \tag{5.4.4}$$

这个方法得出的估计值被称为"双重差分估计量",即实验组的平均变化与控制组的平均变化之差。

接下来本章将以珠三角实施的产业生态化政策为例对资源环境政策效果进行评估。

三、案例应用

(一) 政策背景

从珠三角三大产业发展情况来看,广州、肇庆、佛山、江门、惠州等地农业产值占珠三角的 85% 以上;广州、深圳、佛山和东莞四市制造业产值占珠三角的 80%;服务业总体呈现以广州和深圳为核心、多点集聚的发展态势,两个核心城市服务业产值占珠三角的 60%。三大产业之间的产业关联度逐步提高,分工协作体系初步形成,初步形成了广佛肇、深莞惠、珠中江三大经济圈。

但是,由于缺少统一规划,珠三角产业生态化的矛盾日益显现:一是产业集中在价值链中低端,同质化竞争比较激烈,生态化产业较少;二是珠三角城市各自独立的经济发展格局没有太大改变,经济形态相对独立,这造成产业生态化之间的联系较少,要素配置效率不高,资源浪费比较严重;三是产业污染矛盾比较突出,环境的约束日益显现,产业生态化可持续发展能力有待提高,产业生态化水平亟须提高。

(二) 模型与样本

1. 模型设定

第一,双重差分模型。双重差分模型主要用来评估一个项目或公共政策的实施效果。双重差分模型的核心方法是构建双重差分估计量,通过一个反事实的框架来研究被观测因素 Y 在政策施行和不施行这两种情况下的变化。一个不可预测的外生冲击会将样本分为不受政策施行影响的控制组和受政策施行影响的实验组。如果控制组和实验组的被观测因素 Y 在政策施行前没有显著的差异,即满足平行趋势,就可以认为控制组在政策施行前后 Y 的变化是实验组未受政策实施影响时的结果。此时实验组和控制组 Y 的变化就是政策冲击带来的净效应。

第二,回归模型。在测度出珠三角产业生态化的公共政策效应存在的基础上,用两阶段回归的方法,先进行政策实施之前的回归,得到其系数;再进行政策实施之后的回归,得出其系数;最后通过政策实施前后系数的相减得出其效应的大小。

2.样本设计

第一,变量。本书从产业生态化的定义出发,结合珠三角实际和可收集的数据,构建珠三角产业生态化评价指标体系。选取产业生态化水平(iel)作为衡量珠三角产业生态化发展程度的被解释变量。产业生态化注重产业和生态发展的协调,由此推出产业生态化包含产业效率和生态效率两个维度。在产业生态化研究体系下,经济发展不仅注重量的增长,而且注重质的提升,同时应减少对资源环境的影响。因此,在产业效率方面,从产业发展基础和产业发展活力两个方面选取控制变量指标地区生产值(GDP)、第三产业占GDP比重(ttG);生态效率方面,由于产业发展对生态环境的影响主要表现在污染排放和污染治理方面,而循环利用能力的提升是减少这种负外部性的重要环节,因此从污染排放、污染治理和循环利用这三个方面选取控制变量指标工业废水排放量(Iwd)、工业二氧化硫排放量(Isd)、工业烟尘去除量(Isr)、工业固体废物综合利用率(UoS)进行评价。产业生态化指标总结在表5.6中。

表5.6　产业生态化指标评价体系

目标层	维度层	要素层	指标层	指标解释及关系
产业生态化水平(iel)	A产业效率	A1 产业发展基础	A11 地区生产总值(GDP)	地区经济发展水平(正向)
		A2 产业发展活力	A21 第三产业占GDP比重(ttG)	产业结构高级化程度(正向)
	B生态效率	B1 污染排放	B11 工业废水排放量(Iwd)	产业发展引起的常见环境污染情况(反向)
			B12 工业二氧化硫排放(Isd)	
		B2 污染治理	B21 工业烟尘去除量(Isr)	产业发展的环境治理能力(正向)
		B3 循环利用	B31 工业固体废物利用率(UoS)	循环利用能力(正向)

第二,样本。本书选取2006—2018年珠三角九市和汕头、湛江、茂名作为研究样本。样本选择范围出于以下考虑:珠三角产业一体化政策出台时间为

2009 年,故而选取 2006—2008 年作为政策施行前的时间,2009—2018 年作为政策施行后的时间。

在控制组的选取方面,尽量寻找珠三角产业布局一体化规划实施前后与珠三角城市相似的城市作为控制组。经过综合考虑,选取汕头、湛江、茂名作为控制组样本。主要原因如下:① 与实验组城市相同,汕头、湛江、茂名与珠三角均位于东南沿海,且与珠三角具有相类似的区位条件,经济发展水平也较接近于珠三角平均水平;② 与实验组城市相同,汕头、湛江、茂名属于中国主要沿海城市,且都是广东省内城市,地域差异较小,汕头也是中国设立的沿海经济特区。

第三,数据来源。数据来源于珠三角九市和汕头、湛江、茂名 2007—2019 年的统计年鉴、国务院发展研究中心信息网数据库,存在个别城市个别年份统计指标的部分数据缺失。对于缺失的个别数据,采用平均值的处理方法:对于一些城市个别年份缺失的数据采用该年份前一年和后一年数据的平均值得到;连续几年数据缺失的指标则先分析数据变化趋势,然后取前两年数据的平均值得到。以上的数据处理方式可以降低数据误差对实证分析结果的影响。由于缺失的数据所占比重较小,因此这种处理方法对回归模型的结果影响不大。

(三) 结果分析

1. 回归结果

第一,计量模型设定。将样本城市分为受到政策影响的实验组(实施珠三角产业一体化政策的城市)与没有受到该项政策影响的控制组(未实施珠三角产业一体化政策的城市)。通过双重差分法分别计算实验组和控制组在珠三角产业一体化政策实施前后的变化量,然后再计算这两个变化量的差值,即倍差。双重差分基准回归模型如下所示:

$$ iel_{it} = \beta_0 + \beta_1 P_{it} + \beta_2 T_{it} + \beta_3 (P_{it} \times T_{it}) + \beta_4 Z_{it} + V_{it} \qquad (5.4.5) $$

其中 i 和 t 分别代表第 i 个城市和第 t 年;Z 代表一系列控制变量;V 为随机扰动项;被解释变量 iel 表示各城市产业生态化水平;P_{it} 为政策虚拟变量。控制组(非试点城市)取值为 0,实验组(试点城市)取值为 1;T_{it} 为时间虚拟变量,2006—2008 年(政策实施前的年份)取值为 0,2009—2018 年(政策实施后的年份)取值为 1;β_3 是倍差估计量,衡量的是政策净效应,即双重差分法估计的重点。如果该统计量在一定统计水平下显著为正,则表示珠三角产业一体化政策显著提升了珠三角的产业生态化水平。

第二,结果比较。根据表 5.7 显示的结果,政策实施前实验组与控制组的差值是 0.628,政策实施后实验组与控制组的差值是 1.315,政策实施后的差值减去政策实施前的差值得到 0.687,即为双重差分估计的系数,且在 99% 的水平下通过了检验。由此可知,模型中重要变量之间的相关系数均达到显著水平。政府政策与产业生态化显著正相关,表明政府政策能够提高产业生态化水平。

表 5.7　双重差分估计结果

产业生态化水平(iel)	
双重差分估计量	0.687***
政策前差分值	0.628***
政策后差分值	1.315***
样本量	156
R^2	0.693

注:*** 表示在 1% 统计意义上显著。

2. 平行趋势检验

在进行平行趋势的回归时,选择去掉一期作为基准组,以避免多重共线性的问题。在这里选择政策实施前后 3 年进行检验,并去掉政策时点前 1 期(2008 年)。

从图 5.5 可以看出,在 2009 年之前,交互项的系数基本在 0 左右(95% 的置信区间包含了 0 值),这表明在产业生态化公共政策实施前,实验组和控制组产业生态化水平发展进程并没有出现异质性的时间趋势,这一点支持了我们的平行趋势假定。

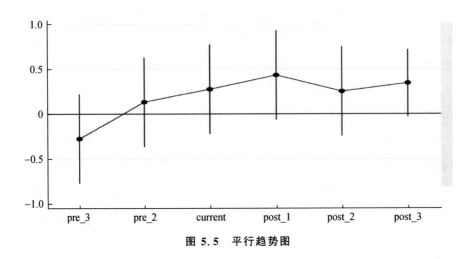

图 5.5　平行趋势图

3. 安慰剂检验

为了使结果更加稳健，对回归结果进行如下稳健性检验。假设政策实施时间提前，即假设 2008 年是实施政策的年份，选取 2006—2009 年的数据，如果结论是不显著，那么说明之前的结论是稳健的。

由表 5.8 可知，虚构的政策变量 did 的估计系数是不显著的，说明除去产业生态化公共政策的冲击，实验组和控制组的产业生态化变动趋势的确是不存在系统性差异的，通过了安慰剂检验。

表 5.8　安慰剂检验

VARIABLES	iel
did	0.553
Time	0.124
Treated	0.632*
Constant	−1.420***
观测值	48
R^2	0.343

注：*** 和 * 分别表示在 1% 和 10% 统计意义上显著。

第五节　资源环境政策设计与案例

一、情景模拟法

情景模拟法基于比较法的思想,将观测指标与基准或参照系相比较,以评估政策的成效。常用的基准包括:一是可比参照系,如一项旨在降低留守儿童辍学率的政策实施后,留守儿童辍学率是否降低到与非留守儿童相近的水平;二是可接受的阈值,如留守儿童的辍学率低于专家认为会威胁社会稳定的最低安全水平;三是历史基准,如留守儿童的辍学率相比政策实施前是否有所下降;四是其他可比较地区的水平,如本辖区留守儿童的辍学率低于其他可比地区。比较法的问题在于,无法解释为什么情况变得更好或更糟了,因此也无法确定政策是否真的有效。

所谓情景模拟法是提前设计一定的模拟情景,要求决策者将自身代入不同情景,并在各个情景中做出最佳决策。通过情景模拟,决策者可以对未来不同情况及其影响有所预期,并做出适当的准备。

接下来本章将以江西省为例设计未来资源环境政策。

二、案例应用

(一)环境政策 CGE 模型介绍

1. 标准 CGE 模型的函数模块构成

标准的 CGE 模型包括生产函数、消费者效用函数和产品分配函数。

第一,生产函数。在大多数 CGE 模型中,通常都采用常数替代弹性(Constant Elasticity of Substitution, CES)生产函数的形式。因此,本节也采用 CES 函数作为各生产模块的生产函数。CES 生产函数通常只包含两种投入,而为了分析多种投入需要进行生产函数的嵌套,即:

$$q = A(\delta_1 x_1^\rho + \delta_2 x_2^\rho)^{\frac{1}{\rho}} \tag{5.5.1}$$

其中 ρ 为生产函数的替代弹性。

$$x_1 = A(\delta_1 x_3^\rho + \delta_2 x_4^\rho)^{\frac{1}{\rho}} \tag{5.5.2}$$

其中 x_3、x_4 为要素 x_1 的中间投入，若进行更多要素的嵌套可以此类推。

第二，消费者效用函数。消费者效用函数多数情况下采用线性效用函数或 Stone-Geary 效用函数，本节将采用 Stone-Geary 效用函数，其具体形式如下：

$$U(C) = \prod_{i=1}^{n}(C_i - \theta_i)^{\mu_i} \tag{5.5.3}$$

其中 C_i 为第 i 种商品的消费总量，θ_i 为满足生活最低需求而消费的第 i 种商品的数量，μ_i 为边际预算比例，且满足 $\sum_{i=1}^{n}\mu_i = 1$。

第三，产品分配函数。产品分配函数采用 CET(Constraint of Elastic Transformation，弹性转换约束)型，即：

$$\max \sum_{i=1}^{n} P_i X_i \tag{5.5.4}$$

$$\text{s. t: } V = \sum_{i=1}^{n}(g_i X_i^\nu)^{\frac{1}{\nu}} \tag{5.5.5}$$

其中 X_i 表示第 i 个市场上的产品供给，P_i 为价格向量，V 为各个市场上的总供给，ν 为不同产品市场上的替代弹性。g_i 表示第 i 种商品在市场供给中所占的份额。

第四，产品需求函数。在 CGE 模型中，产品需求函数一般假设国内的总需求由国内生产供给与进口构成，同时国内生产供给的产品与进口产品之间可以相互替代，但是不一定可以完全替代，在模型中用 CES 函数表示相互之间的关系，这个 CES 关系又被称为阿明顿(Armington)假设。消费者的行为是在进口品与国内产品之间进行优化组合，以实现成本最小化，具体函数形式如下：

$$\max(\text{PD} \cdot \text{XD} + \text{PM} \cdot \text{XM}) \tag{5.5.6}$$

$$\text{s. t: } \text{XA} = (\beta_d \text{XD}^\rho + \beta_m \text{XM}^\rho)^{\frac{1}{\rho}} \tag{5.5.7}$$

XD 为国内商品的销售数量，XM 为进口商品的消费数量，XA 为国内商品的总需求量，PD、PM 分别为国内商品和进口商品的价格，ρ 为不同产品需求的替代弹性，且 $0 < \rho < 1$。β_d 表示国内商品需求占总商品需求的份额，β_m 表示对

进口商品的需求占国内总需求的份额。

2. CGE模型的闭合规则

一般情况下,CGE模型的闭合规则有新古典主义宏观闭合、凯恩斯宏观闭合和刘易斯闭合三种闭合规则。新古典主义宏观闭合认为,市场中的所有资源均已得到充分利用,即劳动力已充分就业,投资与储蓄已达到均衡状态,市场上不存在闲置资源。因此,若采用新古典主义宏观闭合,模型中厂商对于劳动和资本的需求应当等于其供给并由外生确定,而其价格应当内生确定。凯恩斯宏观闭合认为,市场中的资源未得到充分利用,存在大量的闲置劳动力和闲置资本,因此,劳动和资本的供应量应当内生确定,而要素价格由外生确定,同时,投资和政府支出为外生确定。刘易斯闭合认为资本通常是短缺的,而市场有大量闲置劳动力。因此,刘易斯闭合应当将劳动价格外生给定,而劳动供给设置为无穷大,将政府支出内生给定,同时,还应当加上一个价格基准。刘易斯闭合通常被认为与发展中国家的要素市场状况较为相似。对闭合的选择要根据具体情况以及需要解决的具体问题而定,始终以经济学理论为指导,没有必要完全遵守某种规则,可以较为灵活地对上述规则进行组合运用。

(二) 环境技术标准情景

1. 情景设计

环境技术标准是各国政府较为常用的规制管控型政策工具。中国现行的环保标准根据性质、内容、适用范围和作用可以分成"三级五类":"三级",即国家标准、地方标准和环保行业标准;"五类"包括环境质量标准、污染物排放(控制)标准、环境监测方法标准、环境标准样品标准和环境基础标准五类。从江西省来看,其环境标准体系大致也可归纳为上述的"五类"。2015年,工业和信息化部(简称工信部)联合财政部发布了《工业领域煤炭清洁高效利用行动计划(2015—2020)》,要求以地区为单位清洁高效利用煤炭,提升区域煤炭清洁高效利用整体水平,同时,工信部将会同有关部门加快制定焦化、工业炉窑、煤化工、工业锅炉等领域煤炭清洁高效利用技术标准和规范。2016—2018年,生态环境部又颁发了《船舶水污染物排放控制标准》《钢铁工业烧结机烟气

脱硫工程技术规范 湿式石灰石／石灰-石膏法》《火电厂污染防治可行技术指南》等多项环境技术标准。可见，虽然环境技术标准是一种较为古老的规制管控型政策工具，但当前仍有较为广泛的运用。基于上述观点，同时考虑到政策工具是否较易量化为政策变量，本案例将以环境技术标准作为规制管控政策工具的代表进行模拟，探究环境技术标准对绿色发展的影响。环境技术标准的本质是对厂商在生产过程中产生的污染物数量设置上限并对厂商对于各类污染物的减排技术标准做出规定，从而达到对厂商排入自然环境系统中的污染物数量的限制。环境技术标准情景将下设五个子情景分别进行模拟：① 排污密度降低 1％，同时减排率提高 1％；② 排污密度降低 2％，同时减排率提高2％；③ 排污密度降低 3％，同时减排率提高 3％；④ 排污密度降低 4％，同时减排率提高 4％；⑤ 排污密度降低 5％，同时减排率提高 5％。

模拟结果各图中的横轴表示期数，纵轴表示与基准情景相比变动的百分率，下文均采用这一定义，不再赘述。

2．模拟结果

（1）GDP 变动

第一，实际 GDP。实际 GDP 的模拟结果如图 5.6 所示，从中可以看出，环境技术标准情景的各子情景下，实际 GDP 在第 13 期至第 16 期存在一个较快的增长过程。在其余各期中，2％子情景下，实际 GDP 在第 30 期和第 43 期有两个增长过程，其增长幅度分别为 3 个百分点和 4.15 个百分点；5％子情景在

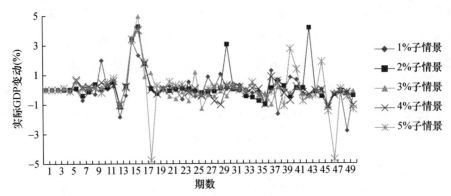

图 5.6 环境技术标准情景实际 GDP 变动

快速增长之后,在第 18 期快速下跌 4.75 个百分点,同时,在第 40 期至第 50 期之间先增长 2.73 个百分点和 1.85 个百分点,再下跌 4.71 个百分点;而其余子情景下,实际 GDP 变动总体平稳。

第二,名义 GDP。剔除实际 GDP 的变动后,名义 GDP 的变动主要反映政策工具对于总体价格水平的冲击。从图 5.7 中可以看出,各子情景下,名义 GDP 波动幅度较大,其中 4％子情景下,名义 GDP 的增长最为明显,其从第 18 期开始出现了多次增长过程,最大增幅为 5.85 个百分点。显然,4％子情景使得价格水平的上涨幅度最大。而其余子情景均使得名义 GDP 出现多次上升下降的过程。

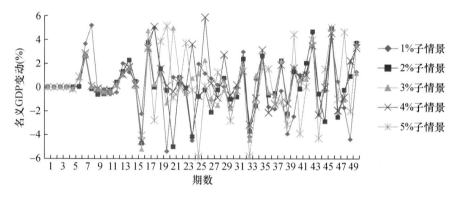

图 5.7　环境技术标准情景名义 GDP 变动

综上所述,环境技术标准情景中,2％子情景使得实际 GDP 增长较快,4％子情景使价格水平的上涨幅度最大。其余子情景下,实际 GDP 变动较小,而价格水平则出现大幅的上下波动。可以看出,在各类子情景中,2％子情景对于拉动 GDP 最为有效。

（2）产业结构变动

第一,服务业。从图 5.8 中可以看出,环境技术标准情景下,各子情景服务业的产值比重在第 16 期出现大幅下降,其下降幅度大约为 4.7 个百分点。在第 19 期以后,1％、2％、5％子情景在剩余各期服务业产值比重均出现了几次增长,其中,5％子情景增长次数最多,且总体增幅最大;3％子情景变化相对平稳;而 4％子情景下,服务业产值比重现两次小幅下降。

第二,清洁能源业。从图5.9中可以看出,在环境技术标准的各子情景下能源业产值比重在第16期均出现了大幅增长,其中2%子情景下增幅达到最大为4.94个百分点。随后在第22期,各子情景下的清洁能源业比重均出现了一定程度的下降,降幅约为3个百分点左右。而在其余各期,1%子情景下清洁能源业比重在第10期出现了较大幅度下降,2%子情景出现多次小幅上升,3%子情景变动较为平稳,4%子情景在第28期出现了下降,5%子情景则多次反复出现上升下降过程。

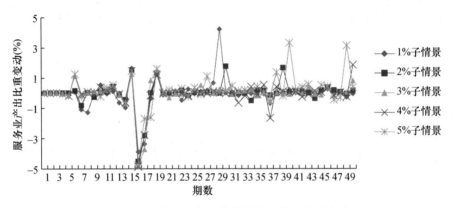

图5.8 环境技术标准情景服务业产出比重变动

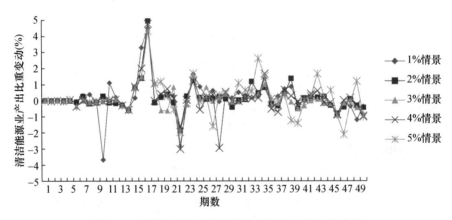

图5.9 环境技术标准情景清洁能源业产出比重变动

综上所述,从产业结构的变动上来说,实施环境技术标准的2%子情景对清洁能源业的扶持效果较为显著,而5%子情景则对服务业产出比重的提高较为有利。

（3）污染物净排放变动

本节对于污染物净排放的分析将重点关注工业废水、二氧化硫、固体垃圾三种主要的工业污染的变动。

第一，工业废水净排放。从图5.10中可以看出，环境技术标准下，工业废水的净排放在第3期和第16期出现了大幅下降，其每次下降幅度约为2～2.5个百分点，而在随后各期出现来回波动的态势。

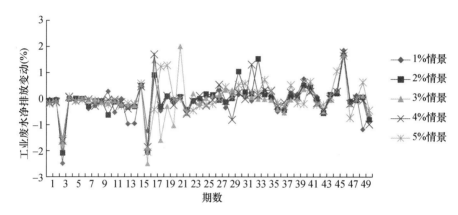

图5.10 环境技术标准情景工业废水净排放变动

第二，二氧化硫净排放。从图5.11中可以看出，二氧化硫净排放在第1期就出现明显的减少，同时在第16期出现较大降幅，其约为2～2.5个百分点，随后呈现上下波动的态势。

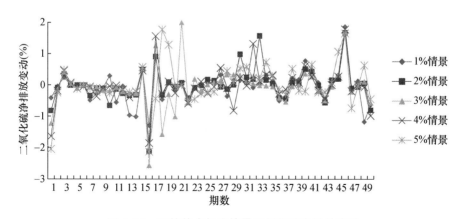

图5.11 环境技术标准情景二氧化硫净排放变动

第三,固体垃圾净排放。从图 5.12 中可以看出固体垃圾的净排放变动总体相对平稳。在 3% 子情景下,其出现了几次小幅下降过程,4% 情景下,其不降反升,并在第 17 期出现 4.81 个百分点的最大增幅。

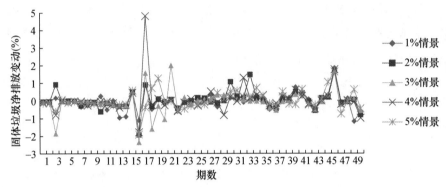

图 5.12 环境技术标准情景固体垃圾净排放变动

从总体上来看,环境技术标准 1% 与 3% 子情景对于三类污染物的减排较为有效,而 2% 与 4% 子情景减排效果较差。

(三) 市场建设型组合工具情景

1. 情景设计

在现实中,环境税与环境补贴、生产补贴等市场建设型绿色发展政策工具往往配合使用。政府通过征收税费获取收入,再通过转移支付与补贴的形式将收入再分配,实现有关的政策目标。从政策工具的分类来说,环境税与补贴都属于绿色发展政策工具中市场建设型政策工具里的财税工具,而财税工具是市场建设型工具中发展最为成熟、应用最为广泛且可操作性最强的政策工具。因此,本案例将财税工具的组合作为市场建设型政策工具的代表,探究组合市场建设型政策工具的政策效应,设置环境税与补贴的组合情景进行模拟。为了对比在不同的政策变量下,模型中其他内生变量的响应有何不同,环境税与补贴组合情景将下设五个子情景分别进行模拟:① 环境税率、环境补贴率、生产补贴率同时提高 10%;② 环境税率、环境补贴率、生产补贴率同时提高 20%;③ 环境税率、环境补贴率、生产补贴率同时提高 30%;④ 环境税率、环境补贴率、生产补贴率同时提高 40%;⑤ 环境税率、环境补贴率、生产补贴率同时提高 50%。

2. 模拟结果

(1) GDP 变动

第一,实际 GDP。从图 5.13 中可以看出,在市场建设型组合工具的不同子情景下,实际 GDP 在第 25 期至第 30 期之间均出现了不同程度的下跌。其中,30% 和 50% 子情景的下跌程度较大,其跌幅分别为 7.08 个百分点和 5.67 个百分点。在 10% 子情景下,实际 GDP 分别在第 20 期上升 2.74 个百分点,在第 48 期上升 7.06 个百分点,在第 36 期和第 40 期小幅下降;而在 20% 子情景下,实际 GDP 在第 35 期至第 39 期出现连续增长过程,其最大增幅可达 6 个百分点;40% 子情景下,实际 GDP 虽在第 27 期小幅下降 2.5 个百分点,但在第 32 期和第 40 期小幅上升,其增幅分别为 3.71 个百分点和 3.89 个百分点;50% 情景下,实际 GDP 出现了多次下降过程,最大降幅为 5.67 个百分点。

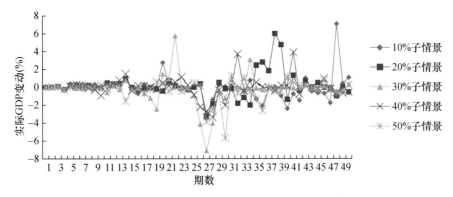

图 5.13 市场建设型组合工具情景实际 GDP 变动

第二,名义 GDP。从图 5.14 中可以看出,市场建设型组合工具使得名义 GDP 在第 7 期之后呈现大幅度的上下波动。其中,在 30% 子情景下,名义 GDP 的波动幅度最大;而在 40% 子情景下,名义 GDP 出现多次下降,且下降幅度大于上升幅度。综合对比实际 GDP 和名义 GDP 两方面可以发现,市场建设型组合工具的 40% 子情景对于 GDP 指标的变动最为有利。

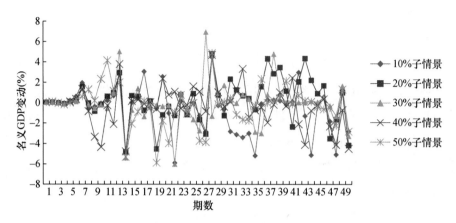

图 5.14　市场建设型组合工具情景名义 GDP 变动

（2）产业结构变动

第一，服务业。从图 5.15 中可以看出，在市场建设型组合工具的 20％和 30％子情景下，服务业产出比重出现了多次上下波动，且总体跌幅超过了涨幅。10％、40％与 50％子情景下，服务业产出比重出现了多次下降过程。显然，市场建设型组合工具对于服务业产出比重的提升效果不明显。

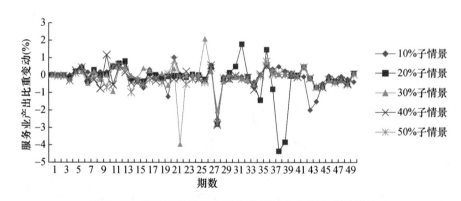

图 5.15　市场建设型组合工具情景服务业产出比重变动

第二，清洁能源业。从图 5.16 中可以看出，市场建设型工具使得清洁能源业产出比重呈现来回波动态势，其中在 20％与 30％子情景下，其波动幅度较大。但总体而言，清洁能源业产出比重的变动程度不大。

综上所述，市场建设型组合工具对于两类产业产出的提升作用均十分有限，对产业结构的优化能力不足。

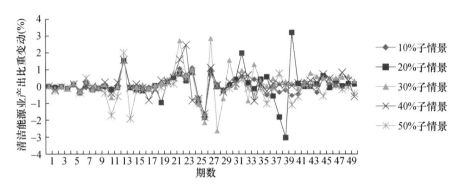

图 5.16　市场建设型组合工具情景清洁能源业产出比重变动

（3）污染物净排放变动

第一,工业废水净排放。从图 5.17 中可以看出,工业废水净排放在第 3 期出现了小幅下降。在之后的各期,工业废水净排放在 30% 子情景的第 22 期和第 28 期出现了两次较为明显的下降,其幅度分别为 5.17 个百分点和 3.84 个百分点;在 20% 子情景下,工业废水净排放在第 38 期和第 39 期之间出现了连续下降过程,其降幅为 3.73 个百分点和 4.39 个百分点,但在第 40 期出现了 2.54 个百分点的小幅度回升;而在其余子情景下,工业废水净排放变动相对平稳。

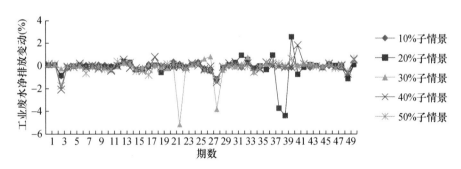

图 5.17　市场建设型组合工具情景工业废水净排放变动

第二,二氧化硫净排放。从图 5.18 中可以看出,二氧化硫净排放在第 1 期至第 5 期之间出现了小幅上升过程,其增幅在 1～2 个百分点,其余各期的变化规律与工业废水大致类似。

第三,固体垃圾净排放。从图 5.19 中可以看出,固体垃圾净排放的变化

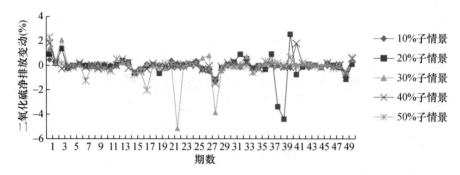

图5.18 市场建设型组合工具情景二氧化硫净排放变动

规律总体与工业废水相似。

从三类污染物的减排来看,市场建设型组合工具情景下的20%与30%子情景均有显著的效果,而30%子情景的减排效果最佳。

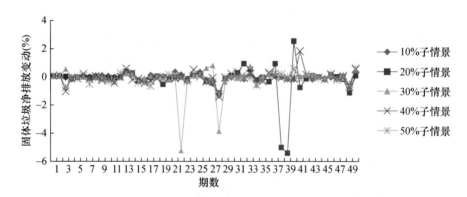

图5.19 市场建设型组合工具情景固体垃圾净排放变动

(四)规制管控—市场建设型组合工具情景

1. 情景设计

将如环境技术标准的规制管控型政策工具与以绿色财税工具为典型的市场建设型政策工具相组合,其政策效应又如何?这样的组合对于绿色发展的推动效应能否达到1+1>2的效果?为了对此进行探究,设置能源环境技术标准—环境税—补贴的组合情景,并对此进行模拟。为了对比在不同的生产补贴率的变动下,模型中其他内生变量的响应有何不同,规制管控—市场建设型组合工具情景下设五个子情景分别进行模拟：① 排污密度降低1％，减排率提高1％，同时，环境税率、环境补贴率、生产补贴率提高10％；② 排污密度降低2％，减排率提高2％，同时，环境税率、环境补贴率、生产补贴率提高20％；③ 排污密度降低3％，减排率提高3％，同时，环境税率、环境补贴率、生产补贴率同时提高30％；④ 排污密度降低4％，减排率提高4％，同时，环境税率、环境补贴率、生产补贴率同时提高40％；⑤ 排污密度降低5％，减排率提高5％，同时，环境税率、环境补贴率、生产补贴率提高50％。

2. 模拟结果

规制管控—市场建设型组合工具意味着同时减少各类污染物排放密度，增加各类污染物的减排率、环境税率、环境补贴以及生产补贴，其理论传导机制即环境技术标准、环境税、环境补贴、生产补贴四种政策工具的传导机制的叠加组合。

（1）GDP变动

第一，实际GDP。从图5.20中可以看出，规制管控—市场建设型组合工具对于实际GDP的扰动程度相对不大。其中，在子情景1下，实际GDP在第34期和第35期连续两期大幅增长，其涨幅为5.98个百分点和5.71个百分点；而在子情景2下，实际GDP在第42期出现大幅下降，其降幅为6.18个百分点；在子情景3与子情景4下，实际GDP的变动程度总体较小；在子情景5下，实际GDP总体上有所下降。

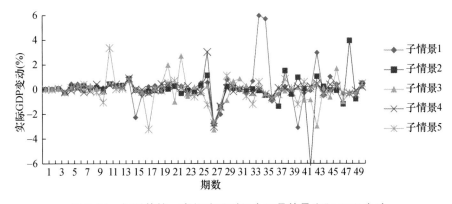

图5.20　规制管控—市场建设型组合工具情景实际GDP变动

第二，名义 GDP。从图 5.21 中可以看出，规制管控—市场建设型组合工具对于名义 GDP 的扰动程度较大。其中，子情景 1 与子情景 5 的波动相对较大，且子情景 1 对名义 GDP 有较为明显的拉升作用，而子情景 5 对于名义 GDP 的上升有一定的抑制作用；子情景 2 在第 28 期和第 39 期存在两次小幅上升过程，但在第 19 期、第 21 期至第 23 期、第 42 期至第 43 期存在三次连续下降的过程，最大降幅可达 6.18 个百分点，且总体降幅大于增幅，对名义 GDP 存在一定的拉低作用；子情景 3 在第 19 期至第 21 期存在一个连续上升过程，但在其余各期出现了多次下降，总体增幅与降幅大致抵消，其对名义 GDP 的影响不大；而子情景 4 下名义 GDP 的总体变化幅度较小，对于名义 GDP 的冲击相对较小。

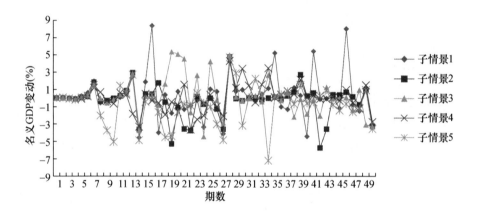

图 5.21　规制管控—市场建设型组合工具情景名义 GDP 变动

综上所述，规制管控—市场建设型组合工具的子情景 1 虽然可以起到推动实际 GDP 增长的作用，但同时造成价格大幅波动。而其余子情景对于实际 GDP 的拉动作用不显著，并且会造成价格水平大幅度波动。可以看出，规制管控—市场建设型组合工具对于 GDP 指标的推动效果不理想。

（2）产业结构变动

第一，服务业。从图 5.22 中可以看出，规制管控—市场建设型组合工具的子情景 1 使得服务业产出的比重在第 34 期和第 40 期出现显著的上升，其涨幅分别为 6.89 个百分点和 3.46 个百分点；子情景 2 使得服务业产出比重在第 42 期出现较为明显的下降;在子情景 3 下,服务业产出比重在第 21 期出现最大增幅 7.62 个百分点;而在子情景 4 与子情景 5 下,服务业产出比重的变化幅度总体较小。

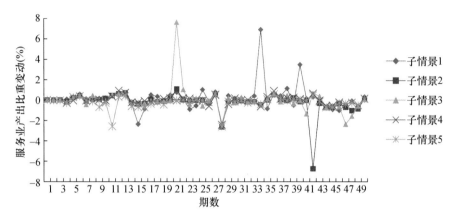

图 5.22　规制管控—市场建设型组合工具情景服务业产出比重变动

第二,清洁能源业。从图 5.23 中可以看出,规制管控—市场建设型组合工具的子情景 3 使得清洁能源行业产出比重在第 20 期先小幅下降 3.17 个百分点,而后在第 21 期出现大幅增长,其增幅可达 7.83 个百分点;而在子情景 5 下,清洁能源产出比重在第 19 期先出现大幅增长,增幅达 6.83 个百分点,而后在第 26 期出现大幅下跌,跌幅达 4.98 个百分点;而其余子情景下,清洁能源产出比重总体变化幅度较小。

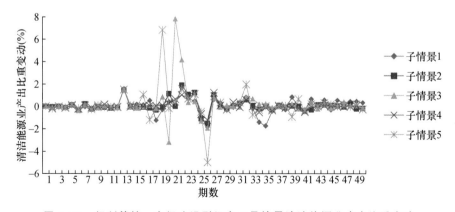

图 5.23　规制管控—市场建设型组合工具情景清洁能源业产出比重变动

综合对服务业和清洁能源业两方面考虑,规制管控—市场建设型组合工具下的子情景3对于产业结构的优化作用最为理想。

(3)污染物净排放变动

第一,工业废水净排放。从图5.24中可以看出,工业废水净排放在子情景1下在第25期、第32期、第35期出现多次下降过程,其中,第35期为最大跌幅,其幅度为3.16个百分点,在第40期虽有所回升,但幅度仅为1.26个百分点;在子情景2下,工业废水净排放在第42期达到了最大跌幅3.26个百分点,在其余时期变化较为平稳;在子情景3下,工业废水净排放下降幅度有限,反而在第21期达到最大增幅2.96个百分点;在子情景4与子情景5下,工业废水净排放在第3期有所下降,降幅约为2个百分点,而在其余各期,子情景4使得工业废水净排放在第25期上升了1.14个百分点,子情景5使得工业废水净排放上下波动。

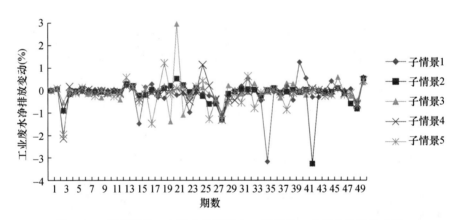

图5.24　规制管控—市场建设型组合工具情景工业废水净排放变动

第二,二氧化硫净排放。从图5.25中可以看出,二氧化硫净排放在子情景1下出现了多次下降,并在第35期达到了最大降幅3.16个百分点;在子情景2与子情景3下,二氧化硫净排放在第3期和第21期出现上升,最大增幅为子情景3下的第21期,达到2.39个百分点;在子情景4与子情景5下,二氧化硫净排放的变动幅度总体不大。

第三,固体垃圾净排放。从图5.26中可以看出,固体垃圾净排放在子情

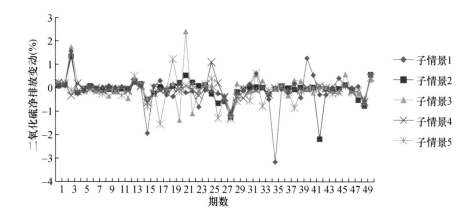

图 5.25　规制管控—市场建设型组合工具情景二氧化硫净排放变动

景 1 下的第 35 期达到了较大降幅 3.16 个百分点;在子情景 2 下,固体垃圾净排放在第 42 期达到了最大降幅 3.77 个百分点;在子情景 3 下,固体垃圾净排放在第 21 期达到最大增幅 4.39 个百分点;而在子情景 4 与子情景 5 下,固体垃圾净排放出现一定程度的上下波动,但总体变化幅度有限。

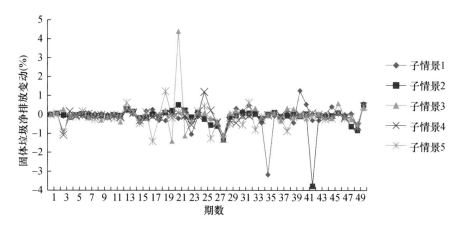

图 5.26　规制管控—市场建设型组合工具情景固体垃圾净排放变动

综合三类污染物的减排效应来说,规制管控—市场建设型组合工具下的子情景 1 对于三类污染物排放的抑制作用最明显,而子情景 3 对污染物的排放不但不会产生抑制作用,反而会使得其出现反弹。

（五）案例小结

本节以江西省为例，基于其 SAM（Social Accounting Matrix，社会核算矩阵）表中的有关数据，分别对环境技术标准、环境税、环境补贴、生产补贴、市场建设型组合工具、规制管控—市场建设型组合工具六种政策工具或组合在不同的情景方案下进行模拟研究，最终可以得出以下结论。

从各项政策工具情景来说，第一，在环境技术标准情景下，1％子情景与3％子情景对于污染物的减排来说最为有效，2％子情景对于 GDP 指标以及服务业产出比重的提升具有一定的效果，5％子情景对于清洁能源业产出比重的提升较为有效，所有子情景对于绿色福利水平的提高均效果不明显。第二，在环境税情景下，10％子情景对于绿色福利水平的提升较为有效，30％子情景对于 GDP 指标的提升有明显的效果，40％子情景对于污染物的排放具有明显的抑制作用，50％子情景对于产业结构的优化和绿色福利水平的提升具有显著的促进效应。第三，在环境补贴情景下，10％、30％、50％子情景对于实际GDP 的提升具有效果，40％子情景对于清洁能源业产出比重的提升有一定的作用，而对于名义 GDP、服务业产出比重的提升、污染物的减排、绿色福利水平的提升等方面，环境补贴工具效果均不明显。第四，在生产补贴情景下，无论何种子情景，清洁能源业的产出比重均能得到较为有效的提升，而对于GDP 指标、服务业产出比重的提升、污染物的减排、绿色福利水平的提升等方面，生产补贴工具没有效果，并且还会造成污染物排放的增多。第五，在市场建设型组合工具情景下，30％子情景的污染物减排效应最为明显，40％子情景对于 GDP 指标和绿色福利水平的提升较为有效，但市场建设型组合工具对产业结构的优化效果没有明显效果。第六，在规制管控—市场建设型组合工具情景下，子情景 1 的污染物减排效应最明显，同时对于绿色福利水平的提升具有促进作用，而子情景 3 对于产业结构的优化具有较为良好的效果，但会造成污染物排放的明显反弹。

将不同类型的政策工具进行比较，可以发现：第一，对于 GDP 指标来说，环境税工具是最优选择。第二，对于产业结构的优化和绿色福利水平的提升，规制管控—市场建设型组合工具效果最优。第三,对于污染物的减排来说,市场建设型组合工具最有力。第四,环境税工具在 GDP 指标、产业结构的优化、污染物减排、绿色福利水平的提升方面均具有良好的效果,且带来的负面效应相对较小,属于一种功能较为全面的绿色发展政策工具。第五,组合型政策工具的政策效应并不是单一型政策工具效应的简单叠加,不同类型政策工具在组合之后,其效果可能会出现强化或抵减。

本章参考文献

Abadie A,Diamond A,Hainmueller J. Synthetic control methods for comparative case studies:Estimating the effect of California's tobacco control program [J]. Journal of the American statistical Association,2010,105(490):493-505.

Costantini V,Crespi F,Martini C,et al. Demand-pull and technology-push public support for eco-innovation:the case of the biofuels sector [J]. Research Policy;2015,44(3):577-595.

Costantini V,Crespi F. Public policies for a sustainable energy sector:regulation,diversity and fostering of innovation [J]. Journal of Evolutionary Economics,2013,23(2):401-429.

Fisher D H. The policy sciences:recent developments in scope and method [M]. Redwood City:Stanford University Press,1951.

Johnstone N,Managi S,Rodriguez M C,et al. Environmental policy design,innovation and efficiency gains in electricity generation [J]. Energy Economics,2017,63:106-115.

Lasswell H D,Kaplan. Power and society[M]. New York:Mc Grow-Hill Book Co,1963.

庇古. 福利经济学[M]. 金镝,译. 北京:华夏出版社,2013.

陈振明. 公共政策分析[M]. 北京:中国人民大学版社,2003a.

陈振明. 政策科学[M]. 北京:中国人民大学出版社,2003b.

范群林,邵云飞,唐小我. 环境政策、技术进步、市场结构对环境技术创新影响的实证研究[J]. 科研管理,2013,34(6):68-76.

宫本宪一. 环境经济学[M]. 朴玉,译. 北京:生活·读书·新知三联书店,2004.

黄建欢,吕海龙,王良健. 金融发展影响区域绿色发展的机理——基于生态效率和空间计量的研究[J]. 地理研究,2014,33(3):532-545.

李康.环境政策学[M].北京:清华大学出版社,2005.

刘斌,王春福.政策科学研究(第一卷)[M].北京:人民出版社,2000.

刘鸿明,邓久根.可持续发展理论研究的两种范式述评[J].经济横,2010(04):122 -
125.

娄峰.中国经济—能源—环境—税收动态可计算一般均衡模型理论及应用[M].北京:
中国社会科学出版社,2015.

马歇尔.经济学原理[M].廉运杰,译.北京:华夏出版社,2013.

牛新国,李月彬,贾增发.城市可持续发展评价指标体系初探[J].环境保护,1998(08):
20 - 22.

世界环境与发展委员会.我们共同的未来[M].王之佳,柯金良,译.长春:吉林人民出
版社,1997.

田大庆,王奇,叶文虎.三生共赢:可持续发展的根本目标与行为准则[J].中国人口·
资源与环境,2004(02):9 - 12.

夏光.环境与发展综合决策[M].北京环境科学出版社,2000.

肖建华.生态环境政策工具的治道变革[M].北京:知识产权出版社,2010.

许士春,何正霞,龙如银.环境政策工具比较:基于企业减排的视角[J].系统工程理论
与实践,2012,32(11):2351 - 2362.

杨多贵,陈劭锋,牛文元.可持续发展四大代表性指标体系评述[J].科学管理研究,
2001(04):58 - 61+72.

叶文虎.坚持"三生"共赢建设健康社会是生态文明建设的关键[J].武汉科技大学学报
(社会科学版),2010,12(02):1 - 4.

俞红海,徐龙炳.股权分置改革有效改善了公司效果吗？——基于双重差分模型的估
计[J].浙江工商大学学报,2010(01):56 - 62.

袁明鹏.环境政策学[M].北京:清华大学出版,2003.

张昊楠.机动车排放管控对空气污染物和温室气体的协同治理效应研究[D].天津:天
津财经大学,2020.

朱宁宁,朱建军,刘思峰等.中国政府建筑节能政策(措施)的实施效果评价[J].中国管
理科学,2008,16(S1):576 - 580.